高职设施农业技术专业系列教材
国家骨干高职院校建设项目成果

设施环境与调控

主 编 蔡 海

西北工业大学出版社

【内容简介】 设施环境与调控是设施农业技术专业与设施农业科学与工程专业的核心领域课程，本着实用性强，基础理论以必须和够用的原则进行编写。全书共分为八个项目，主要以任务形式开展具体教学工作：项目一主要介绍了我们国家和甘肃省近年来设施农业发展的概况；项目二至项目六重点介绍了影响设施作物生长的五个环境因子的特点和调控措施；项目七概括性地介绍了环境综合调控技术；项目八主要介绍了设施新能源开发与利用。教材编写过程中以"校农联合，一体三通"为导向，牢牢把握高职高专学生学习特点和专业特色，结合实际生产需要，突出应用；内容上力求深度、广度适宜；并尽可能反映近年来设施环境调控设备与技术方面的新知识、新成果，为适应"教、学、做"一体的教学模式做出积极探索。

图书在版编目(CIP)数据

设施环境与调控 / 蔡海主编. —西安：西北工业大学出版社，2015.6
ISBN 978-7-5612-4432-6

Ⅰ. ①设… Ⅱ. ①蔡… Ⅲ. ①设施农业－农业机械化－高等职业教育－教材 Ⅳ. ①S23

中国版本图书馆CIP数据核字(2015)第146251号

出版发行：西北工业大学出版社
通信地址：西安市友谊西路127号　　邮编：710072
电　　话：(029) 88493844　88491757
网　　址：www.nwpup.com
印刷　者：陕西天意印务有限公司
开　　本：787 mm×1 092 mm　　1/16
印　　张：10
字　　数：179千字
版　　次：2015年10月第1版　　2015年10月第1次印刷
定　　价：21.00元

前　言

　　本书是武威职业学院国家骨干高职院校建设设施农业技术重点专业规划教材。"设施环境与调控"是设施农业技术专业、设施农业科学与工程专业的一门专业核心课程。

　　在本书的编写过程中，我们本着实用性强，基础理论以必须和够用为度，注重理论联系实际，以"校农联合，一体三通"为原则，牢牢把握高职高专学生学习特点和专业特色，结合实际生产需要，突出应用；内容上力求深度、广度适宜，并尽可能反映近年来设施环境调控设备与技术方面的新知识、新成果。

　　全书共分为八个项目，主要以任务形式开展具体教学工作。项目一主要介绍了我们国家和甘肃省近年来设施农业发展的概况；项目二至项目六重点介绍了影响设施作物生长的五个环境因子的特点和调控措施，分别是光、热、水、气、土环境因子；项目七概括性地介绍了设施环境综合调控技术；项目八主要介绍了设施新能源的开发与利用。

　　全书由蔡海主编，颉建明主审。在编写过程中，曾得到甘肃农业大学园艺学院、武威职业学院领导和教师的大力支持。

　　书中难免存在错误和不妥之处，恳请广大师生和读者批评指正。

编　者

2015 年 2 月于甘肃武威

目　录

项目一

设施农业的认识

【任务描述】

掌握设施农业的概念；国内外设施农业发展情况；甘肃省设施农业发展情况；设施环境与调控概述。

【能力目标】

1. 能具体讲解设施农业的概念；

2. 能正确地指出国内外设施农业发展情况；

3. 能指出甘肃省设施农业发展情况；

4. 能明确未来设施农业发展的主要趋势；

5. 能了解设施环境与调控发展概况。

【任务分析】

每4、5人为一个学习组，由一人负责，统筹安排查阅资料并整理，学习组一起讨论，围绕国内外和甘肃省设施农业发展的情况制作汇报材料，期间提出存在的疑问，教师引导答疑。

【工作过程】

1. 资料查阅

学习组成员根据给定的工作任务在图书馆、互联网上搜索相关概念及国内外和甘肃省设施农业发展的情况、设施环境与调控发展概况并整理。

2. 资料汇总，制作汇报材料

（1）将所搜集的材料按照类别进行汇总；

（2）指导学生进行当地设施农业发展情况以及设施环境调控发展概况的调查，制作完成汇报材料。

3. 汇报，交流

组织各组进行汇报、提问、交流。

【理论提升】

设施农业是通过采用现代化农业工程和机械技术，改变自然环境，为动、植物生产提供相对可控甚至最适宜的温度、湿度、光照、水肥和气等环境条件，而在一定程度上摆脱对自然环境的依赖进行有效生产的农业。它具有高投入、高技术含量、高品质、高产量和高效益等特点，是最具活力的现代新农业。设施农业是涵盖建筑、材料、机械、自动控制、品种、园艺技术、栽培技术和管理等学科的系统工程，其发达程度是体现农业现代化水平的重要标志之一。

我国设施面积最大，2004 年达到 250×10^4 ha，占世界设施总面积的 85% 以上，但大型温室只有 1 000 ha 左右，95% 面积的温室仍是简易型。在设施环境管理上，除了大型智能温室实现温度、光照、水份、气体、肥料因素的综合调控外，其余大多数温室还是依赖传统经验管理，设施装备机械化、智能化、自动化程度较低，这也是未来制约我国设施农业发展的瓶颈，因此高度装置化、技术集约化和自动化管理是我国设施农业发展的方向。

任务一　我国设施农业的发展现状

进入 21 世纪，我国开始实施社会主义现代化建设第三步战略部署，进入全面建设小康社会、加快推进社会主义现代化的新的发展阶段。全面建设小康社会的重点在农业，难点在农村。为此，党的十六大提出"统筹城乡经济社会发展，建设现代农业，发展农村经济，增加农民收入，是全面建设小康社会的重大任务"。随着国民经济的发展，我国农业已开始由传统农业向现代农业转变，农业发展进入了一个关键的新时期。

随着全球经济一体化的发展，以生物技术、信息技术为代表的高新技术正在促使世界农业发生巨大变化，并成为支撑各国农业发展的基石和提高农业竞争力的关键。在新的形势下，我国农业生产正从数量型向数量与质量并重型方向发展，优质、高产、高效已成为现代农业的发展方向。在这一过程中，设施农业必将发挥重要作用。设施农业就是利用人工建造的设施，为种植业、养殖业及其产品的贮藏保鲜等提供最佳的环境条件，以期将农业生物的遗传潜力变为现实的巨大生产力，获得速生、高产、优质、高效的农畜产品。设施农业是知识与技术高度密集的产业，集成了如信息、材料、电子、能源、机械、生物、建筑、品种、栽培、养殖、管理等现代科学技术领域，是衡量一个国家农业现代化程度的一个重要标志，具有高科技含量、高投入、高产出、高效益、易于集约化生产等特点，近年来在国内外发展速度很快。

一、国外设施农业发展现状与趋势

（一）国外设施农业的发展现状

20世纪70年代以来，西方发达国家在设施农业上的投入和补贴较多，设施农业发展迅速。目前全世界设施农业面积已达到 400×10^4 ha。设施农业比较发达的国家主要有荷兰、以色列、美国和日本。另外，法国、西班牙、澳大利亚、英国和韩国等国家的设施农业也都达到了比较高的水平。在上述这些国家，其设施设备标准化程度、种苗技术及规范化栽培技术、植物保护及采后加工商品化技术、新型覆盖材料开发与应用技术、设施环境综合调控及农业机械化技术等具有较高的水平，居世界领先地位，并在向高层次、高科技以及自动化、智能化和网络化方向发展，实现了农产品周年生产、均衡上市。设施农业已发展成为由多学科技术综合支持的技术密集型产业，它以高投入、高产出、高效益以及可持续发展为特征，有的已成为国民经济的重要支柱产业。

（二）国外设施农业发展的趋势和重点

目前国外设施农业的发展呈现以下趋势：

1）温室建筑面积呈扩大化趋势。扩大每栋温室的面积，有利于节省材料、降低成本、提高采光率和提高栽培效益。国外农业技术先进的国家，每栋温室的面积基本上都在0.5 ha以上，连栋温室得到普遍发展，室高一般在4.5 m以上，最高的有6 m左右。这种大空间可进行立体栽培，便于机械化作业。

2）机械化、自动化水平提高。设施内部环境因素（如温度、湿度、光照度、二氧化碳浓度等）的调控由过去单因子控制向利用环境计算机多因子动态控制系统发展。发达国家的温室作物栽培，实现了播种、育苗、定植、管理、收获、包装、运输等作业机械化和自动化。荷兰Petson花木公司的 $8\,000 \text{ m}^2$ 盆花栽培从播种、育苗到定植、管理等作业只用了3个工人，年产30万盆花，产值达180万美元。美国开发了移苗作业机器人，可将作物幼苗从穴盘中转栽到苗床上。

3）向无土栽培发展。在设施农业发展进程中，无土栽培正在改变着设施栽培的传统种植方法，成为当今世界栽培学领域里飞速发展的一项新技术。无土栽培具有节水、节能、省工、省肥、减轻土壤污染、防止连作障碍、减轻土壤传播病虫害等多方面优点，已引起世界各国关注。无土栽培温室在国外的发展较快，荷兰超过70%，加拿大超过50%，比利时达50%。美、日、英、法的无土栽培面积达到250～400 ha。日本无土栽培作物占温室总产量比例：草莓66%、青椒52%、黄瓜37%、西红柿27%，并已成功开发计算机控制的营养液配制和供给的闭路循环系统。

4）覆盖材料多样化。除玻璃纤维增强塑料板（FRP）、聚乙烯（PE）薄膜、聚氯乙烯薄膜（PVC）等常用材料外，现已开发了多种覆盖材料。例如聚碳酸酯塑（多制成波浪板）透光好、耐冲击强度好、使用寿命长。双层或多层聚碳酸中空板（PC 板），质量轻、保温好，价格比较便宜。国外还研制了多利，缀铝遮阳膜，具有不同的遮光率和保温性能，可供用户根据需要选用。

5）发展温室生物防治减少农药施量，发展超低量喷雾设备，开发生物防治技术，使荷兰温室青椒生物防治率达到 80% ~90%，日本从 1993 年也开始发展温室生物防治。

6）温室内部广泛使用喷灌或滴灌等节水灌溉系统。

二、我国设施农业的发展现状及存在的主要问题

（一）我国设施农业的发展现状

我国设施农业的发展历史悠久，至今已形成多种类型，其结构由简单到复杂，功能由单一到综合，管理由粗放到集约。设施农业技术的研究开发工作也得到不断加强，设施农业科技项目受到国家前所未有的重视。继"九五"期间国家科技部将"工厂化高效农业"列入国家重大产业工程项目，投入大量人力、财力与物力进行产业化开发推广后，"工厂化农业关键技术研究与示范"也被列入国家科技部"十五"国家重点科技攻关项目。2001 年，"设施园艺可控环境生产技术"也被首次列入国家"863"计划。这都反映了我国政府高度重视设施农业的发展。

我国设施农业发展始于 20 世纪 50 年代，我国从前苏联引进的保护地栽培技术，可谓简易的设施农业，然而受制于设施条件和技术手段，设施农业发展十分缓慢，难成规模。20 世纪 60 年代末，我国北方大、中城市郊区才初步形成了由简单覆盖、风障、阳畦、温室等构成的一整套保护地生产技术体系。70 年代，地膜覆盖技术由日本引入中国，很快得到推广，对保温、保墒、保肥起到了很大的作用。80 年代，以日光温室、塑料大棚、遮阳网覆盖栽培为代表的设施园艺取得长足进步，形成了以塑料棚为主，与风障、地膜覆盖、阳畦、温室等相配套的保护地蔬菜生产体系。90 年代以来，我国较大规模地引进国外大型连栋温室及配套栽培技术，设施农业也以超时令、反季节的设施园艺作物生产为主并迅猛发展。到 2000 年，我国以蔬菜栽培为主体的设施园艺面积已达 210×10^4 ha，按绝对面积计算为世界第一。设施园艺的发展基本上解决了我国长期以来蔬菜供应不足的问题，并实现了周年均衡供应，达到了淡季不淡、周年有余的要求。在设施园艺研究领域，我国也取得了一定的进展，不仅试验研究出比较适合我国气候条件

与国情的园艺设施,而且在保护地栽培、节水灌溉、机械化育苗以及蔬菜花卉无土栽培等方面的研究也取得了某些成就,有些研究成果已逐步在生产实践中得到广泛应用与推广。目前,我国设施农业已超越早先的瓜、菜、花卉等园艺作物的范畴,广泛地用于大田作物、水产养殖、畜禽饲养及林果生产等农业的诸多领域。

(二)我国设施农业发展中存在的主要问题

设施农业的建设与发展体现了现代化农业相对于传统农业的一种根本性的农业生产方式的变革与进步。改革开放以来,我国政府十分重视设施农业的发展,从20世纪60年代和70年代的地膜覆盖,到单栋塑料大棚产生,发展到今天的温室连栋大棚、智能温室、节能温室,目前,我国设施农业的面积已居世界之首。然而我国的设施农业在科技含量和技术水平上与国外先进国家相比尚有很大差距,还有很多亟待解决的矛盾和问题。主要表现在以下几方面:

1. 科技含量低

发达国家发展工厂化农业采取的是"高投入、高产出"的高科技路线,而我国由于技术和经济的原因,采用的是低投入、低能耗的技术体系。温室结构简易,环境控制能力低;栽培管理主要靠经验,与数量化和指标化生产管理的要求相差甚远;温室种植品种也大多是从常规品种中筛选出来的,还没有专用型、系列化的温室栽培品种,设施条件下农产品的产量和品质始终在低水平上徘徊。

2. 设施水平低下

从统计数字上看,我国设施栽培面积很大,但设施装备的水平低下,90%以上的设施仍以简易型为主,有些仅具简单的防雨、保温功能,抗御自然灾害能力差,土地利用率低,保温、采光性能差,作业空间小,不便于机械操作,更谈不上对设施内的温、光、水、肥等环境因子的综合调控。虽在一定程度上适应了比较落后的农村经济状况满足了较低的人民生活水平的需求,但整体设施水平较低,不适应现代农业发展需要。

3. 机械化程度低,劳动强度大

我国设施农业机械的配套水平不高,机械化作业水平低,生产仍以人力为主,劳动强度大。现有的产品机型不多,且多为借用已有的陆地用小型耕耘机械。机械化水平低也是制约我国设施农业发展的瓶颈。

4. 运行管理水平较低

现代设施农业具有市场化、高技术和企业化3个特点,是硬件设施和软件技术的统一体。当硬件设施建成后,软件技术将起到主导作用。设施农业发达的国家除了拥有先进的硬件设施,还需要有生产—加工—销售有机结合和相互促进、完全与市场相适应的运行管理机制。目前,我国还没有建立起这种管理机制,仍然以经验的和粗放的管理手段为主。硬件设施可以靠一次性投资在短时期内建成,而后期管理和运作绝不是一朝一夕就能达到预期目标。

此外,我国设施农业目前还存在着土地利用率低、劳动生产率低、经济效益不太明显等诸多问题。现代设施农业的优势要依靠现代工业管理和生产手段才能充分得以展示。

三、我国设施农业发展对策的思考与建议

(一)转变观念,正确认识设施农业

设施农业是现代农业的重要组成部分,设施农业的发展程度已经成为当代农业现代化进程的重要标志。为此,我国应从一个战略的高度去认识设施农业,既不能盲目引进、扩大设施农业的规模,也不能对设施农业无动于衷。因此,各地要正确认识设施农业,在制定农业发展远景规划中,要结合本地实际情况,有预见性地、不失时机地将设施农业的发展列入应有的位置,积极引导经济发达的城市地区和企业集团起步发展设施农业。

(二)发展符合国情的现代设施农业体系

国外的现代设施农业确有独到之处,其科技含量高、智能化程度高、管理得当。因此,我国应适当引进,以提高我国设施农业水平。但我国幅员辽阔、气候类型多样、地域条件差别大,经济、技术、市场条件不一,致使我国不同的地区农业生产条件各不相同。要有计划、有目的地发展设施农业,而不能盲目照搬某一国家或地区的模式。必须重视区域特点,因地制宜,找出适合本地的、先进性与实用性相结合的设施农业类型,形成适合中国国情的设施农业发展体系。

(三)推进设施农业的规模化和产业化

设施农业是高投入、高产出、高效益的产业,只有形成相当规模的生产,才有可能形成强有力的品牌效应,从而占领市场,使资源优势得到有效的开发与持续利用,同时带来巨大的经济效益。因此,各级政府应在搞好规划的基础上,采取加大投入等政策措施,以有前途、规模大的龙头企业为突破口,集中扶持和培育规模化的设施农业基地,加快设施农业企业的发展,进而推进设施农业的产业化。

(四)大力提高生产者的素质

先进的设施和技术只有由掌握现代科学技术的人来操作,才能使设施和技术的先进性得以发挥,巨大的增产潜力得以充分体现。目前,我国在设施农业的

技术开发、管理等方面极度缺乏高素质的人才,有些关键技术的开发管理与国外水平存在较大差距。因此,必须通过各种方式和途径,大力普及设施农业的科学知识,注重培养技术人员和经营管理人才,大力提高生产者的素质。

(五)建立设施农业技术创新体系

发展设施农业必须以科技创新为依托。没有科技含量或科技含量低的设施农业,将无法确保设施农业得到有效的发展,其经济效益也是相当有限的。只有以科技创新为依托,才能把资源优势转化为市场竞争力优势、经济效益优势,从而使设施农业能走上一条快速、持续发展的道路。因此,必须加大科研开发力度,切实解决设施农业生产中的关键技术难题,重视设施农业相关生物技术的协作攻关,积极开展设施农业配套技术的开发研究,因地制宜地研制和开发具有自主知识产权的设施农业设备,建立设施农业技术创新体系。

 思考与交流

1. 我国设施农业发展经历了哪几个阶段?

2. 目前我国设施农业发展主要存在哪些问题,对应的改进措施有哪些?

任务二 甘肃省设施农业发展概况

甘肃省位于黄土高原、内蒙古高原和青藏高原交汇处,从东南到西北分属黄河、长江和内陆河三大流域,跨度达 1 655 km,海拔 1 000 ~ 3 000 m,气候包含了北亚热带润湿区到高寒区、干旱区的各种类型,年降雨量 40 ~ 800 mm。特定的气候、地理、生产条件,决定了甘肃特色农业地位。因此,各地根据种植业结构战略性调整的需要,利用独特的气候资源,产品优质、无公害、价格合理的市场资源,以及地处西北地区中心地带的地理优势,大力发展节水、高效的设施农业生产并取得了丰硕的成果,对于高效利用光能,科学利用水和土地资源,实现农业增效、农民增收发挥了突出作用。

一、甘肃省设施农业发展的基本情况

甘肃省设施农业主要以日光温室、塑料大棚和养殖暖棚等三种类型为主。据统计,到 2008 年底,全省共有各类设施农业 205 万个,面积达 114 万亩①,总投资 108 亿元,年产值 195 亿元,从业人员 151 万人。

(一)设施农业建设情况

————————

① 注:1 亩≈666.67m²

1. 日光温室

日光温室起步于 20 世纪 90 年代初期,从引进示范推广到现在,经历了三个发展阶段。1992 年至 1997 年为起步阶段,各地在办示范点、抓示范推广和技术培训的基础上,开发出了适宜于甘肃的二代温室,极大提高了温室采光、保温性能,以及生产技术,从而加快了日光温室的推广步伐。日光温室面积由不到 12 亩发展到 9.1 万亩,年均新增 1.8 万亩。1998 年到 2001 年为快速发展阶段,省委、省政府及时抓住发展的有利时机,实施了日光温室翻番工程,各级财政加大投入力度,极大地调动农民群众建造日光温室的积极性,很好地发挥了财政资金宏观调整和引导优势产业发展的作用,日光温室面积达到 26.2 万亩,年均新增面积达到 4.3 万亩。从 2002 年起进入了平稳的发展阶段,到 2008 年全省日光温室面积累计达到 42 万亩,年均增加 2.25 万亩。特别是近几年在各级政府的高度重视和大力扶持下,并随着旱作、抗寒、有机生态无土栽培技术的创新,适宜不同生态区域栽培条件的品种筛选成功,使日光温室由河流沿岸向高扬程灌区推进,由川区上山进沟拓展到高海拔山区,由灌区进入戈壁和沙漠边缘。这为全省日光温室生产提供了更大的空间,为日光温室产业健康快速发展奠定了良好基础。

2. 塑料大棚

塑料大棚起步于 80 年代初期,多年来随着农业生产水平的提高和资金投入的增加稳步发展。近几年,天水、陇南等重点产区,因地制宜,科学定位,重点推进日光温室育苗,投资少、占地少,通过多层覆盖也能实现周年生产的塑料大棚生产,塑料大棚生产面积得到比较快的发展。目前全省塑料大棚面积达到 41.4 万亩,小拱棚面积达到 16.6 万亩。

3. 暖棚

设施暖棚养殖随着标准化养殖小区的推广迅速发展,已成为甘肃省推进科技增长方式和经营方式的有效载体。2008 年,全省现有各类暖棚圈舍144.12 万个,扣棚面积达到 28 万亩。全省累计舍饲圈养牛羊达到 3 580 万头(只),占全省牛羊总饲养量的 75% 以上。全省规模养殖户达到 80 万户,占农户总数的17.4%;出栏畜禽2 800 万头(只),占出栏总量的 35%。各类畜牧业产业化经营组织达到 721 个,带动农户 80 万户,其中大中型龙头企业发展到 82 个;各类畜牧养殖、畜产品加工协会达到 769 个,会员 14 万人,带动农户 23 万户。

(二)种植结构情况

全省设施生产涉及的作物由原来的黄瓜、番瓜等少数品种,发展到现在的叶菜类、果菜类、瓜类、食用菌、花卉、水果类、特菜类、中药材等十几个种类的上百个品种。

1．设施蔬菜

2008年不包括西甜瓜、食用菌的设施蔬菜种植面积已达78.65万亩,平均亩产4 720 kg,亩产值7 800元,亩纯收入5 520元。全省设施蔬菜总产量338.2万吨,总纯收入51.58亿元。全省城乡居民人均设施蔬菜占有量120 kg。全省农民人均设施蔬菜纯收入320元,占当年全省农民人均纯收入2 680元的11.9%,重点产区农民设施蔬菜纯收入占到了当地农民人均纯收入的60%以上。由于甘肃境内冬季降雨雪少,阴天少,光照充足,具有进行反季节瓜菜生产的独特气候资源。生产的各类蔬菜以其优质、无公害、价格合理而享誉省内外。同时,地处西北地区中心地带,是公路、铁路的交通枢纽,具有地理优势。加之甘肃省劳动力资源丰富,成本低廉。因此,区位和地域优势越来越明显。

2．设施果树

全省设施果树栽培以节能日光温室为主,始于上世纪90年代中期,虽然起步比较晚,但呈较快发展之势。截至2008年底,全省设施果树面积近4万亩,全省大部分地区均有分布,以栽培葡萄、桃、油桃、李、杏、樱桃、草莓等小宗果品为主。

3．设施花卉

2008年全省设施花卉面积7 762.5亩,其中日光温室、大棚花卉6 245.5亩,智能化连栋温室花卉1 359.5亩,智能温室以生产名贵花卉为主;设施花卉产值已超过1亿元,经济效益显著。

4．设施食用菌

甘肃省是反季节食用菌生产的最佳生态适宜区,主要种植种类有平菇、双孢菇、香菇、黑木耳、金针菇、茶薪菇等10多个品种,面积约2.5万亩,总产量达到14.5万吨。

（三）设施装备应用情况

甘肃省现有各类设施配套机械设备3.1万台,设施园艺主要配套使用的设施装备有卷帘机、制钵机、真空吸附式播种机、起垄铺膜机、嫁接育苗机、多功能田园微耕机、滴灌设施、二氧化碳施肥器、机动喷雾器、反光幕、遮阳网、防虫网、根外追肥器等设备。设施养殖主要配套使用的装备有秸秆揉丝机、粉碎机、压捆机、制粒机、自动饮水、挤奶器、取暖装置、换气装置、消毒设备、青贮池、氨化池等设备。近年来,在国家购机补贴政策的拉动下,用于畜牧养殖的秸秆加工设备和日光温室配套的卷帘机增速很快,大大地降低了设施农业的劳动强度,提高了生产效益。据统计2008~2009两年中,甘肃省补贴投放卷帘机3 611台,补贴资金达 733.2 万元。

二、甘肃省发展设施农业的主要措施

(一) 政策扶持,加快设施农业的发展

全省各地把调整农业产业结构、发展设施农业作为增加农民收入、提高土地利用率、培育农业特色产品、发展区域经济的重要举措来抓。武威市围绕石羊河流域综合治理,大力发展设施农业,出台了一系列的扶持政策。对建设日光温室每座补贴 1 万元并给予优先贷款,对安装卷帘机的在国家购机补贴 30% 的基础上累加补贴 1 000 元。兰州市财政从 1994 年开始,给予发展日光温室和塑料大棚的农户实行连续三年的贷款贴息政策;2007 年给日光温室每亩 1 000 元的补助,塑料大棚每亩 500 元的补助。临夏州制定了每建设一个 600 m² 的日光温室,各县(市)财政补贴 3 000 元的政策,康乐县对新建的养殖小区,符合建设标准,饲养肉牛 200 头以上、肉羊 1 000 只以上、鸡 2 万只以上者,一次性奖励现金 6 万元。新建的规模养殖场,饲养肉牛 100 头以上、肉羊 500 只以上、鸡 1 万只以上、配套设施齐全者,一次性奖励现金 3 万元。

(二) 因地制宜,科学规划,培育设施农业发展的优势区域

根据甘肃省各地资源状况、气候条件、生产水平和耕作制度,按照“政府引导、群众自愿、政策扶持”的原则,因地制宜,科学规划,是培育设施农业发展的优势区域。优先开发以河西灌区和中部沿黄灌区为重点的日·光温室蔬菜瓜类优势区域和奶牛产业养殖区;以陇南渭河流域和陇东泾河流域为重点的日光温室反季节果品栽培优势区域和肉牛产业养殖区;以兰州、白银为主的羊产业养殖区;以天水渭河流域和陇东塬区为主的塑料大棚优势区域。同时,围绕“一乡一业”“一村一品”,建设优势突出、特色鲜明的专业乡、村。分层次制定设施农业发展规划和主体品种布局,推进优势区域的形成,为设施农业发展奠定基础。

(三) 突出特色,建立基地,扩大宣传,打造产品品牌

本着资源得到有效开发利用的原则,按照发挥比较优势,发展特色经济,围绕龙头企业建基地、依托市场建基地、连片开发建基地的思路,建设各具特色的、集中连片的、具有规模的、竞争力强的生产基地;重点是以白银、兰州、武威为中心,建立日光温室反季节蔬菜生产基地;以天水、陇南为中心,建立塑料大棚春提早、秋延后错季蔬菜生产基地;以酒泉为中心建设奶牛设施养殖生产基地;以平凉、临夏为中心的肉牛设施养殖生产基地;以兰州、张掖为中心的生猪设施养殖生产基地。在工作中注重宣传甘肃的气候优越,污染相对较轻,蔬菜产品质量高的优势,加大对地方特色产品的保护和开发,做好“高原夏菜”品牌,提高消费者

的认可程度,走以品牌拉动销售和生产的路子。

(四)强化技术的集成创新和示范推广

集成创新是农业科技成果应用于农业生产最直接最有效的途径。从2005年开始,我们每年从全省农机化科技项目中安排20万元,在兰州、白银、张掖、天水市等县(区)蔬菜主产区建立设施农业机械化技术示范点,重点示范推广日光温室卷帘机、微耕机、微灌等机械设备,为800座日光温室提供安装、调试、维护和保养等技术服务,培训农机操作技术人员1800人。据测定,经过试验计算,一个70m长温室使用卷帘机卷放帘平均用时5min/次,而采用人工卷帘卷起平均用时90min,放下平均用时40min,每天卷放帘需要用时130min,使用卷帘机作业,每天卷放帘只需要10min,比人工作业平均少用时2h,这相当于使温室每天的光照时间增加了2h,根据试验记录,可使温室内的温度平均升高3~4℃,在同等条件下,可使蔬菜提前8~10d上市,并可提高蔬菜的产量和品质,比人工卷帘平均每年可增加收入1500元。加上人工节省劳力支出,每个温室每年可增收2480元。同时,充分利用国家购机补贴政策,积极推广机械制钵、机械卷帘、机械耕作、机械挤奶、机械揉搓等设备。据统计,两年来甘肃省补贴投放卷帘机3611台,补贴资金达733.2万元。

(五)加强培训,培养高素质设施农业生产队伍

农民是设施农业生产的具体操作者和执行者,其素质和水平高低,直接影响着技术落实程度和效益的发挥。设施农业机械化技术涉及的设备和技术都是新设备和技术,设备结构复杂,仅靠单纯的书面宣传和理论讲解用户很难接受,承担农机化设施项目的技术人员应改变以往重宣传、轻操作的做法,通过实际操作演示扩大宣传效果。在实际工作中,项目组先在成员内部进行现场技术培训,熟悉设备的结构和工作原理,经过反复实践,熟练掌握设备的安装、调试、操作、维修保养等技术要领,做到人人都会熟练操作,个个都能流畅讲解。对用户进行安装、维修、保养和操作现场技术培训时,对使用中出现的问题及时就地解决,提高技术培训和售后服务质量,示范推广工作起到事半功倍的效果。改变过去"一张嘴、两条腿"的单纯技术服务方式,并利用现代媒介、网络、电波入户、科技大篷车开展技术服务,利用展博会、展销会等推进市场转化转变,培养和造就学技术、懂技术、用技术的新型农民。

三、存在的主要问题

(一)生产发展不平衡、技术水平仍有差距

近几年,甘肃设施农业生产的效益总体上提高地比较快,单位产值也比较高。但是各地发展极不均衡,有的市县面积增长速度快,有的市县增长缓慢。技术水平参差不齐,产值差异也非常明显。白银市日光温室茄子生产水平最高的每亩可达 25 000 ~ 30 000 kg,河西大部分和河东地区平均只有 10 000 kg 左右,单位面积产量仅有靖远县平均产量的一半。这既是目前设施农业生产中存在的问题,同时也是设施农业生产再上台阶和增产增效的潜力所在。

(二)优势产区还不够集中

目前,甘肃设施农业虽然形成了比较集中的优势生产区域,但就区域之间比较而言,专业化程度、规模化水平、特色区域优势仍有差异,也有很大的潜力可挖;就区域内部结构而言,大部分地方尤其是城郊区,由于农民缺乏组织,种植品种繁多而且杂乱,专业化程度还比较低,经营多以农户为单位进入市场,影响了整体效益的发挥,缺乏强有力的市场竞争力和抵御市场风险的能力。

(三)设施水平低,抗御自然灾害能力差

甘肃省目前50%的温室还是"寿光一代"钢管装配式日光温室。这种温室起架低,跨度小,采光和保温性能都不太好,而且室内空气湿度大,不利于病虫害防治,也不利于田间配套和机械化作业,更影响了栽培作物的品质。80%以上温棚结构简单,农民自行建造的竹木结构塑料大棚和日光温室,只能起一定的保温作用,不能对光、温、气等环境因子进行调控。

(四)设施农业机械化程度低,劳动强度大

目前,甘肃省设施农业经营主要以人工操作为主,专门用于设施农业的机械化设备还不多,造成农民劳动强度大,生产效率低,生产成本大,设施农业效益发挥不够充分。目前甘肃省日光温室配套机械化卷帘设备不足10%,大部分温室靠人力卷帘,劳动强度大,减少了光照时间,影响温室作物的生长。同时由于温室内机械化作业水平低,所有劳动和作业均为原始手工完成,棚内作业环境差,中耕除草、病虫防治等工作效率低且质量差,棚内微耕机械及植保机械没有得到普及使用和更新发展是设施农业综合技术中的薄弱环节。

(五)设施农业发展的政策支持和资金扶持力度还不够

虽然各级党委、政府都非常重视设施农业发展,但在政策、资金扶持、小区建设用地等方面还缺乏强有力的保障,不少农户和企业想扩大规模,但受到了土地、资金等方面的限制。一方面农户怕担风险不愿投入,另一方面政府财政困难,扶持投入不够,造成设施农业的起点低,规模小,严重制约了设施农业的快速发展。

(六)设施农业龙头企业少,辐射带动能力较差

近几年,国家和省上出台政策鼓励发展农业产业化龙头企业,一批有规模和

实力的设施农业企业被认定为国家和省级农业产业化龙头企业,但与全国设施农业的发展需求相比,设施农业生产基地规模小,设施农业产业化水平低,上规模、上档次的龙头企业少,辐射带动能力较差。

四、发展设施农业的建议

(一)技术方面的建议

1.完善温室(棚)结构

一是加快棚型改造,推广高起架、大跨度、无柱式标准化温室;二是解决塑料保温性较差的问题,积极推广棉被帘以代替目前使用的草帘等;三是将日光温室中使用的保温棉、加温炉及塑料大棚中的大棚结构列入国家补贴目录。

2.完善监测系统

一是研究适用于日光温室、塑料大棚的温度、光照和二氧化碳等环境要素的计算机综合监测记录仪器。二是研制化肥成分测定、有害气体(氨、亚硝酸气等)测定、农药残留成分测定等电子化监测仪器。

3.完善温室配套设施,提高机械化作业水平

完善温室(棚)内配套的临时加温、补充光照设备,对提高温室蔬菜产量有显著作用的 CO_2 施肥装置,以及既节约用水,又能改善温室内蔬菜生长环境条件的节水灌溉装置等。大力推广机动卷帘机械,尤其是棉被卷帘机。切实解决收放草帘劳动强度大、保温效果差的问题。

4.推广蔬菜加工贮存机械装备

为满足净菜上市,急需开发推广蔬菜的清理、清选、选别分级、捆束装袋、薄膜包装和保鲜储藏深加工等机械设备。

(二)政策方面的建议

1.加强部门协作,发挥农机部门牵头作用

目前甘肃省设施农业工作职责归农牧部门管理,农机部门以配合为主,主要依托购机补贴资金为设施农业配套机械设备。请农业部明确各省将设施农业工作交由农机部门负责管理,便于项目工作的实施和操作。

2.强化政策引导,加大对设施农业机械化的投入

积极争取设施农业农机化发展资金。充分利用现有国家农机购置补贴政策,将更多的设施农业机械列入各级农机具购置补贴目录,适当提高补贴标准,加大设施农业机械的补贴力度,鼓励和引导农民投资设施农业机械化的积极性。同时各级政府每年应安排一定数量的资金用于设施农业机械化的发展,大力开发各种小型、轻便、多功能的设施耕作机具,播种育苗装置、植保等机具,积极推

广各类先进适用农机产品，不断提高设施农业机械化生产水平。

3.加强同相关行业部门的合作交流

设施农业是现代农业的重要体现，它具有高投入、高技术含量、高品质、高效益等特点，是最有活力的农业新产业，具有综合生产性，是一个新的生产技术体系。为此相关单位应加强合作，使其配套技术、设施同步到位，发挥规模优势，更好地起到示范带动作用，全面提高设施农业的综合效益。

4.加大对农户的培训指导，提高农户设施农业的经营管理水平

加强对设施农业经营户产前、产中和产后的全方位培训，通过现场"手把手"以及外出观摩学习等形式，保证每家至少有一个接受不间断技术培训的劳动力。通过理论培训、现场指导培训、电视电教培训、印发宣传资料、典型事例引导等方式，建立多渠道、多层次、多形式的农民技术教育培训体系，确保他们能够真正掌握先进种养业技术，有效提高农民的整体技术水平，提高他们对设施农业的经营管理水平，使设施农业的效益最大化。

5.重视推进流通体系建设，有效扩大设施农业市场占有率

农产品的流通销售是实现自然经济、产品经济向商品经济、市场经济转变的必然过程，必须把设施农业产品流通作为设施农业发展的重中之重来抓。建议国家一要下大力气推动辐射面广、带动力强的区域性农产品市场建设，布局建设一批区域性特色突出的规模化、标准化农产品批发市场，形成区域性市场对设施农业发展的带动力。二要积极应用互联网等现代便捷手段，加快发展设施农业网上市场，畅通流通信息，提高流通效率，有效拓展国内外市场。三要着力支持农产品流通企业、专业流通合作社、流通协会、流通大户、农民经纪人做大做强，培育一批统一品牌、统一价格、统一包装、统一标准、统一销售的强势设施农业流通企业，增强设施农业的市场竞争力，为设施农业更好更多走向国内外大市场创造有利的条件和环境。

▰▰ 思考与交流

1.调查家乡设施农业发展情况，并提出相应的发展对策，完成调查报告。

2.调查家乡设施农业环境调控设备应用情况，完成调查报告。

任务三　设施环境与调控概述

设施环境与调控是随着现代设施农业发展的需要而产生和发展起来的一门学科，其主要任务是，在充分掌握农业作物生长发育与各环境相互作用的基础

上,研究如何采用经济和有效的环境调控工程技术与设备,创造优于自然界的、更加适用于农业作物生长发育和产品转化的环境条件,避免外界自然环境条件的不利影响,提高农业作物产品的生产效率。

环境是指围绕着生物体周围的所有事物,而设施环境与调控所关注的主要是那些对农业生物的生长发育和产品转化具有直接作用的环境因素,一般分为物理环境、化学环境和生物环境等方面。物理环境包括生物周围的温度、光照和热辐射、空气和水的运动状态等。化学环境主要是指生物周围空气、土壤和水中的化学物质成分组成,主要包括对农业生物正常生长发育有害的 CO,H_2O,SO_2,NH_3 等成分,以及土壤或水中的各种化学物质组成的情况。生物环境是指生物个体以外的其他所有生物,包括空气、土壤、水中的微生物、生物体内及体外的寄生物,以及周围的其他同类群体等,其中由同类生物之间的关系构成所谓的群体环境,或称之生物的社会环境。

环境是影响农业生物的生长发育,决定其产品质量和品质的重要因素。影响和决定农业生物的生长发育、产品产量和品质的各种因素可以概括为遗传和环境两个方面。遗传决定生物生长发育、产量高低和产品品质等方面的潜在能力,而环境则决定生物的遗传潜力能否实现或在多大程度上得以实现。再好的良种,如果没有适宜的环境条件,就不能充分发挥其遗传潜力。

一、设施农业与设施环境与调控

设施农业是采用必要的设施,在依靠设施环境与调控技术创造的优于自然气候的环境条件下进行农业动植物产品的生产。通过设施环境与调控的手段有效调控动植物生产中的温、光、水、气、土等环境因素,创造最优的生长发育环境,改变传统农业生产依赖于自然气候条件的被动性,有效避免自然条件和自然灾害的影响,摆脱地域和季节的限制,能够以有限的土地和水资源消耗,达到很高的生产效率,实现稳定的周年连续生产,以优质的农产品,周年稳定地供应市场,满足人们生活的需要。设施农业中采用的环境设施大体上分为以下三类:

1.各类农业建筑

用于农业的各种生产性建筑物或构筑物,如畜禽舍、温室和塑料大棚、水果蔬菜贮藏库和水产养殖的构筑物等。其作用是利用具有一定保温隔热效果、限制水、气自由移动的围护结构,为动、植物生长发育提供一个与外界自然环境相对隔离的空间,以有效减弱外界不利环境条件对动、植物的直接作用。

2.能够对环境因子进行调控的各种设备

如采暖设备、通风与降温设备、光照设备、节水灌溉设备、温室中的 CO_2 和果蔬贮藏中的气体成分调节设备等。

3. 环境自动监测与控制系统

为了对农业生长环境实现有效管理和运行,必须在外界条件不断变化的情况下,根据动、植物在不同生育阶段、不同时间对环境条件的要求,利用环境自动监测与控制系统对设施内环境进行实时监测,通过控制各种环境设备的运行进行及时调控。

二、设施环境与调控在农业生产中的作用

(一)突破地域与季节的自然条件限制,周年均衡地进行农业动、植物产品生产

自然界气候条件在不同地域、不同季节差异很大,在传统农业生产条件下,农产品生产的地域性、季节性非常强。在那些不适宜进行农产品生产、尤其是鲜活农产品生产的地区和季节,出现农产品供应的淡季,不能满足人们生活的需要。

例如,在我国北方地区,冬季气候寒冷。华北地区,1 月平均最低气温为 0 ~ -10℃,极端最低气温达 -20 ~ -30℃;在西北和东北地区,1 月的平均最低气温分别为 -10 ~ -25℃ 和 -20 ~ -30℃,极端最低气温为 -28 ~ -40℃。在这样的气候条件下,露地种植和生产蔬菜是完全不可能的。依靠园艺设施在寒冷的冬季提供蔬菜等植物生长所需要的温暖的环境条件,蔬菜以及很多花卉与一些温暖季节才能生产的水果,都可以在严寒的冬季进行生产和充足地供应市场。

因此,依靠设施环境与调控的技术与设施,农业生产可以完全摆脱自然条件在地域和季节上的限制,根据社会需求来组织进行周年均衡的生产。尤其是反季节产品生产的实现,极大地满足了任何地区、任何季节人们周年生活消费的需要,丰富了人们的生活。

(二)实现农产品速生、高产、优质、低耗的高效率生产

由于设施环境与调控能够为动植物提供良好的生长发育环境,使其能更好、更快地生长,其产量、品质大大提高,而生产周期大为缩短,投入产出比显著提高,达到很高的生产效率。

例如,现代畜禽环境调控通过采用合理的畜禽舍建筑,并根据当地气候条件,有选择地在冬季采用加温设备、夏季采用通风和降温设备,把畜禽饲养环境温度等条件调节到适宜的范围,从而使畜禽的增重率和饲料转化率、产蛋率、产奶量等达到传统方式所未有的高水平,生产周期显著缩短,出栏率增加。例如,

使蛋鸡的产蛋率达到80%以上,肉鸡只用8周时间即可将雏鸡饲养到1.5~2 kg的重量,育肥猪达到100 kg的出栏屠宰重量只需不到五个月的时间。

在现代化的温室内,依靠对温室内光、温、气、水、土的有效调节,为植物生长提供了优质、速生的良好环境,能够达到比露地生长高得多的生长速度和生产效率。采用营养液栽培叶菜类蔬菜,仅用二十余天就可以收获。温室栽培黄瓜和番茄的产量是露地生产的数倍,目前最高可以达到$50~60 \text{ kg/m}^2$的产量水平。

(三)提高农业资源的利用率,发展生态农业,实现农业的可持续发展

设施农业是高度集约化的生产方式,在设施环境与调控提供的良好环境条件下,实行高密度的养殖和种植生产,同时由于生产周期短、产量高,因此,单位农产品产量的生产占用土地比传统农业大为减少。此外,相对封闭的养殖和种植生产方式,可以减少大量养殖和种植生产用水的蒸发和流失。因此,设施农业生产能够以很低的土地、水等农业资源消耗,实现高效率的生产。

我国人口众多,而自然资源相对短缺。目前人均耕地不足0.1 ha,预计21世纪中叶全国人口将达16亿,人均耕地还将进一步减少。人均占有淡水量仅2 300 m^3,只相当于世界人均水平的1/4,是水资源最贫乏的13个国家之一。

因此,在我国要用有限的耕地和水资源,使一些重要农副产品实现周年的稳定生产和供应,满足对农产品不断增长的社会需要,大力发展设施农业和设施环境与调控技术具有重要的意义。

设施环境与调控注重动、植物生产中能源的有效利用。虽然各种环境调控措施都在不同程度上需要消耗一定的能量,但一方面总是设法尽量减少生产中的能耗,有效利用可再生资源;另一方面,集约化的种植和养殖方式,容易达到能量的集中高效使用。

在我国得到广泛应用的日光温室,在白昼有效利用太阳光、热的能量为植物生长提供所需的光、热环境,同时在密闭的空间内蓄积保存热能,用于在夜间维持室内必要的温度条件,就是一个集中高效利用自然能源资源成功的典型。从广义上讲,农业生产的本质在于将太阳能转化成食物,设施园艺的冬季生产实现了传统农业在同样季节无法进行的生产,从实际上有效利用了了该季节的自然光、热资源。

设施环境与调控在注重解决集约化动、植物生产的设施内环境的同时,也同样注重设施农业的总体生产环境。在建设环境工程设施、组织设施农业生产中,要注意保护和改善农业环境,以维护良好的生态平衡,对大量农业废弃物进行无

害化处理,使其转化为可综合利用的资源,是设施环境与调控活跃的前沿研究领域,这是实现高效利用农业资源、保护农业生态环境、实现我国农业长期可持续发展的有效途径。

三、设施环境与调控主要内容

设施环境与调控主要包括设施光环境及其调控、设施热环境及其调控、设施水环境及其调控、设施气体环境及其调控、设施土壤环境及其调控、设施环境自动调控系统及小气候测定、设施新能源开发与利用等内容。

四、设施环境与调控的学习方法

设施环境与调控是农业生物与工程技术交叉产生的学科,因此在研究内容上具有涉及广泛、综合性强的特点。在农业方面相关的学科有农业气象学、作物栽培学、园艺学等;在工程方面相关的学科有工程热学和热传学、建筑材料与结构、建筑设备、暖通与空调、机电工程与自动控制等。学习本课程时,应该掌握以下方法:

(1)要具备设施环境与调控方面的理论知识。

(2)要进行设施环境与调控相关设备的安装与调控技术的运行。

(3)要在掌握生物与工程知识的基础上,理论联系实践,深入生产一线,真正掌握环境调控的操作技术。

思考与交流

1. 上网查阅世界设施农业发展的三个阶段是什么,各阶段的特点是什么?

2. 简述设施环境与调控所涉及的内容及作用。

3. 学习设施环境与调控的意义和方法是什么?

项目二

设施光环境及其调控

【任务描述】

掌握光照强度、光质、光周期的概念;掌握设施光环境特征;能阐述园艺作物对光环境的要求;能进行设施花卉、蔬菜作物光量调节操作。

【能力目标】

1. 能简单描述光照强度、光质、光周期的概念;

2. 能正确地指出设施光环境特征;

3. 能阐述园艺作物对光环境的要求;

4. 能通过环境调控与栽培管理技术措施,使园艺作物与设施的小气候环境达到作物生长发育的要求。

【任务分析】

每4、5人为一个学习组,由一人负责,统筹安排查阅资料并整理,学习组一起讨论,围绕设施光环境的特点及调控措施制作汇报材料,期间提出存在的疑问,教师引导答疑。

【工作过程】

1. 资料查阅

学习组成员根据给定的工作任务在图书馆、互联网上搜索相关概念及设施光环境特点及调控措施资料并整理。

2. 资料汇总,制作汇报材料

(1)将所搜集的材料按照类别进行汇总;

(2)指导学生进行设施光环境特点归纳总结及制定具体调控措施,制作完成汇报材料。

3. 汇报,交流

组织各组进行汇报、提问、交流。

【理论提升】

园艺作物的生长发育及产品器官的形成,作物本身的遗传特性是内因,外界环境因子是外因。生产上要获得优质高效的园艺产品,就必须加强对作物生长环境因子的调控,使之满足作物生长需要。

地球上几乎所有植物都是通过吸收太阳光来维持其生长发育的,并通过各器官得到的光刺激来获得周围环境条件的有关信息。植物利用光能把 CO_2 和水转化为碳水化合物的过程称为光合作用,这是地球上所有生物赖以生存和发展的基础。光不仅是植物进行光合作用等基本生理活动的能量源,也是花芽分化、开花结果等形态建成和控制生长过程的信息源,因此,光照是园艺设施中极为重要的环境因素。

温室内的光照环境要素包括光照强度、光照时数、光质、光谱分布等方面,在自然条件下,光照状况随着温室所在的地理位置、季节、时间和气候条件而变化。自然光照环境的某要素不能满足植物生长发育的要求时,就需要进行人工调控。

任务一 太阳辐射强度及设施光环境特点

太阳辐射是作物生长的基本能量来源。地球上太阳辐射的变化源于地球与太阳之间的相对运动,确定太阳相对于地球的空间位置是研究到达地球表面的太阳辐射的基础。太阳辐射以电磁波的形式发送,地球表面的太阳辐射强度、日照时间长短及光谱成分均具有随时间和空间变化的特点。图 2-1 表示在大气上界的太阳辐射能和海平面的太阳辐射能的能量分布。

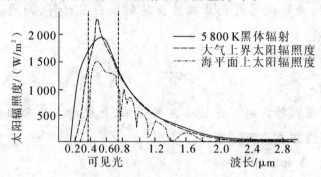

图 2-1 太阳辐射光谱分布

一、地表光照条件的变化

地表光照条件包括光照强度、日照长度和光质光谱分布。地表的光照强度有空间和时间上的变化。

光照强度随地理位置、海拔高度和坡向的不同而不同。光照强度随纬度的增加而减弱,纬度越低,太阳高度角越大,光照强度越强;反之,纬度越高,光照强度越弱。在低纬度的热带荒漠,年辐射量达到 8 400 MJ/m²;在中纬度地区(如我国长江中下游地区),年辐射量约为 5 040 MJ/m²;而在高纬度的北极地区,年辐射量还不足 2 940 MJ/m²。光照强度随海拔高度的升高而增强,在海拔1 000 m 的山地,到达地面的太阳辐射占全部太阳辐射能的70%,而在海平面上能获得的太阳辐射仅为全部太阳辐射能的50%。坡向也影响光照强度。在北半球的温带地区,太阳位置偏南,南坡向太阳入射角大,光照强度强,北坡则正好相反。

光照强度在一年中以夏季强度最高,冬季强度最低;而在一天中则以中午强度最高,早晚强度最低。因为一年中夏季和一天中中午太阳高度角最大,太阳辐射强度高;而冬季和一天早晚太阳高度角最小,因而太阳辐射强度低。

日照长度在不同的季节和纬度地区的变化具有其规律性。除极地外,其他地方春分和秋分都是昼夜等长。在北半球,夏半年(春分到秋分)昼长夜短,夏至日白天最长,夜最短;冬半年(秋分到春分)则昼短夜长,冬至日白天最短,夜最长。日照长度的季节性变化随纬度变化而不同。在纬度为 0° 的赤道附近,终年昼夜等长;在高纬度地带,随纬度增高,昼夜长短差值增大,纬度越高,夏半年昼越长、夜越短,冬半年则昼越短、夜越长。

地表的太阳辐射光谱成分与太阳高度角、地理纬度及季节有直接关系。太阳高度角增加,紫外线和可见光所占的比例增加,红外线所占比例相应减少。高纬度地区,光谱中长波光比例高,而低纬度地区,光谱中短波光比例高。一年中,夏季短波光增多,而冬季长波光增多。

二、温室内的光照条件

温室内的光照来源于室外太阳辐射(人工光照除外),室内光照条件的变化规律与自然光照相同。但温室内的光照条件又明显不同于室外光照。首先,温室的方位及屋面采光角影响阳光入射量;其次,温室外覆盖材料的种类及其表面清洁程度会影响阳光透射量,甚至会改变室内太阳辐射的光谱分布;再次,因受到温室结构或设备遮荫的影响,使得室内光照分布不均匀。温室内光照环境包括光照强度、光照时数、光质及光谱分布。

(一)光照强度及其分布

温室栽培床平面内单位面积的光通量即为温室的光照强度。太阳辐射进入温室必须通过温室透光覆盖材料,温室内光照比室外弱是必然的特点。在冬季温室内急需强光增温时,外界太阳高度角小,光照强度低;而夏季室内不需要强光照射时,外界阳光反而强烈。因此,温室内光照的矛盾比较突出。

1.设施透光率

设施的透光率是指设施内的光照强度与外界自然光照强度之比,以百分率表示透光率。透光率的高低反映了设施采光性能的好坏,透光率越高,设施的采光性能越好,设施的光照条件越优。温室内光照强度受温室透光率的直接影响,温室透光率与温室方位、温室类型和温室结构、温室内设备的布置、透光覆盖材料类型及老化程度、透光覆盖材料结露情况与污染程度等诸多因素有关。

研究表明,无论是单栋温室还是连栋温室,东西走向的温室的透光率均好于南北走向的温室。另外,新的透明覆盖材料透光率一般为80%～90%,但覆盖过一段时间后,由于材料的污染和老化,透光率会有所下降。因此选用性能优良的透光覆盖材料和定期对其表面进行清洁是提高温室透光率的有效手段。

2.温室内光照强度的分布特点

温室内光照强度不论在水平方向还是垂直方向都存在差异。光照分布较均匀的温室内,作物群体漏光损失少,有利于温室作物光能利用率的提高。

温室内光照的平面及空间分布,除太阳高度角、大气等自然因素以外,主要由温室的方位、屋面角度、覆盖材料的散射特性及作物的群体结构决定。

在阴天条件下,温室内的光照分布比较均匀,而在晴天时情况则相反,光照随时间和空间的变化均很大。在冬季东西走向的温室有更好的透光率,透光率可达55%～65%,而南北走向的温室仅为48%。

有些温室屋面覆盖材料(如玻璃纤维增强聚酯板 FRP,透光散射率77%)在透射光线时,将入射光线扩散反射与扩散透射,使直射光线分散到很大的立体角范围内,形成散射辐射。散射辐射对于提高床面光照分布的均匀性与作物群体的光能利用率是很有益的。

另外,在温室中采取高矮秧间作、喜光耐荫作物间作等方式,对作物进行合理布局,可以充分利用温室内光照条件;及时对作物整枝、打杈、缚蔓和摘除下部老叶,也利于室内光照分布。

(二)光照时数

设施内的光照时数,是指园艺设施受光时间的长短,因设施类型而异。根据气象学原理,光照时数一般指日出至日落的时间长短。然而,在日出之前与日落之后的相当一段时间内,由于天空、云等的反射作用已形成了具有一定光强、对植物光周期能起控制作用的曙暮光,因此在研究作物光周期时,通常把一天中对植物产生光周期效应的时间长短称为光照时数,即:

$$T_{光照} = T_{日照} + T_{曙暮}$$

式中，$T_{曙暮}$可根据光周期临界光照度确定太阳高度，然后按纬度、时节通过气象用表查得。

在同一地区，温室内光照时数与温室类型有关。大型连栋温室光照时数与自然露地条件相同，而单坡面日光温室光照时数一般要短。这是因为日光温室属于被动式供热温室，对保温要求特别高，因此，往往在刚刚日落甚至在日落前就开始铺放不透光的外保温覆盖材料（如草帘、纸被、保温被等），而在日出后才开始揭开外保温覆盖材料，所以日光温室光照时数不考虑曙暮光时间段，甚至比气象学所指的光照时数还要短。比如在北方地区冬季，日光温室光照时数一般不过 7 ~ 8 h，在高纬度地区甚至还不足 6 h。

（三）光谱分布

由于各种覆盖材料的光谱特性不同，对各个波段的吸收、反射和透射能力存在差异，致使透射到温室内的光谱有很大差异。有些情况下，即便材料的平均透光率相近，但由于对各波长的透射率不同，进入室内太阳辐射的光谱能量分布也会存在较大差异，因而对作物生长发育的有效性不同。

温室常用的覆盖材料主要有玻璃、PC 板、聚氯乙烯塑料薄膜（PVC）、聚乙烯塑料薄膜（PE）、玻璃纤维聚酯板（FRP）、玻璃纤维丙烯酸树脂板（FRA）等。玻璃对可见光部分及近红外和 2 500 nm 以内的红外线透光率高，而对 4 500 nm 以上的长波红外线和紫外线基本不透过。FRP 板与玻璃类似，紫外线透光率低。而 FRA 板对紫外线的透光率相当高，但对其他波段的透射性能与玻璃类似。PVC 膜和 PE 膜对可见光的透射率相近，均在 90% 左右，而对紫外线部分 PE 膜的透射率高一些。对 2 500 ~ 5 000 nm 的远红外线，PE 膜远比 PVC 膜透射率高。醋酸乙烯薄膜的透光特性介于聚乙烯薄膜和聚氯乙烯薄膜之间。

从温室栽培考虑，理想的覆盖材料透光特性应对生理有效辐射具有最大的透过率，不透过 320 nm 以下的紫外线与 800 ~ 2 000 nm 的红外线。由于某些作物对光质有特殊要求，可通过覆盖不同的透光材料来达到改变室内光质、提高作物品质的要求。例如，玻璃温室对可见光透过率很高，不透过 4 500 nm 以上的长波红外线，这对温室内的采光和保温是有利的；但玻璃基本不透过紫外线，对花青素的显现、果色、花色与维生素的形成有一定的影响。采用 PE 和 FRA 等能透过较多紫外线的材料覆盖的温室对提高茄子、紫色花卉等的品质和色度比玻璃温室好。

■■ 思考与交流

1. 地表光照条件的变化特征是什么？

23

2. 设施内光照条件有哪些特征?

3. 从温室栽培考虑,理想的覆盖材料应具备哪些透光特性?

任务二 光照的生物学效应

作物对环境具有生态适应性,不同的作物长期在不同的光照环境中会形成不同的生态类型。光照对作物的生物学效应表现在光照强度、光质和光周期三方面。

一、光照强度的生物学效应

太阳辐射是作物光合作用的能量基础,光照强度对作物的生长发育及形态结构有着重要影响。

光合作用是光生物化学反应,在一定范围内,光合作用强度与光照强度呈正相关。当光照强度达到一定程度后,光照强度继续增加,而光合作用速率不再增加,这种现象称为光饱和现象,此时的光照强度称为作物的光饱和点。各种作物的光饱和点不同。当光照强度较强时,光合速率比呼吸速率大几倍,随着光照强度减弱,光合速率逐渐接近呼吸速率,最后达到光合速率等于呼吸速率,此时的光照强度称为作物的光补偿点。各种作物的光补偿点不同。作物在光补偿点时,有机物的形成与消耗相等,不能积累干物质,而且夜间还要消耗干物质,因此作物所需的最低光照强度必须高于光补偿点作物才能生长。

光照强度影响作物的形态结构。光照强,同化量大,叶面积增大,叶肉厚,作物生长旺盛;光照弱,茎叶质量显著减少,作物会出现徒长。当光照减弱到极端情况时,作物会出现黄化现象。

光照强度影响作物花芽分化和果实产量。光照强度减弱,同化物减少,花芽分化推迟,着花数也减少,子房发育不良,受精能力下降。此外,光照强度还影响果实的品质。

光照强度影响作物生长发育,但对不同的作物影响程度不同;不同的作物对光照强度的要求也不同,这是作物长期适应不同的光照环境的结果。根据作物对光照强度的要求大致可分为阳性植物、阴性植物和中性植物。

阳性植物必须在完全光照下生长,具有较高的光补偿点和饱和点,一般原产于热带或高原阳面。蔬菜中的西瓜、甜瓜、西红柿、茄子等都属于阳性植物,对光照强度要求高,光照不足会严重影响其产量和品质。花卉中的月季、万寿菊、茉莉、紫薇及仙人掌等也都属于阳性植物。

阴性植物适于在遮阳环境下生长,不能忍受强烈的光照,多产于热带雨林或阴坡。蔬菜中的大多数叶菜、葱蒜等比较耐弱光照,属于阴性植物。花卉中的草本兰科、杜鹃、凤梨、秋海棠及观叶植物均属于阴性植物。

中性植物对光照强度的要求介于阳性植物和阴性植物之间,在阳光充足或微阴环境下均能较好地生长。比如蔬菜中的黄瓜、甜椒、甘蓝、白菜及萝卜,花卉中的萱草、麦冬、玉竹、女贞等均属于中性植物。

在栽培上,光照的强弱必须与温度的高低结合起来才有利于作物的生长发育和器官的形成。如果光照减弱,温度较高时会导致呼吸作用消耗过多的物质和能量,因此,在阴天对于阳性作物应适当降低环境温度,这样才有利于作物生长和发育。

二、光周期的生物学效应

植物各部分的生长发育,包括茎的伸长、根的发育、休眠、发芽、开花及结果等均与日照长度有密切的关系。有些作物必须在低于其临界日照长度的情况下才能开花,有些则需要在高于其临界日照长度的情况下开花。植物这种对光照昼夜长短(即光周期)的反应称为植物的光周期性反应。根据植物开花过程对日照长度反应的不同,可将植物分为长日照植物、短日照植物、日中性植物三类。

植物的光周期效应不仅体现为诱导花芽分化,也表现在影响贮藏器官的形成。如马铃薯、芋、荸荠等其食用器官的形成要求有较短的日照;而鳞茎类如葱蒜等则要求较长的日照才能形成鳞茎。花卉中水仙、仙客来、郁金香、大丽花及秋海棠等其贮藏器官的形成均受到光周期的诱导与调节。

三、光质的生物学效应

作物一般在日光的全光谱下生长,但不同的光谱成分对作物的光合作用、色素形成及形态结构的影响作用不同。表2-1反映了光质对作物产生的生理效应。

表2-1 各种光谱成分对植物的影响

光谱/nm	植物生理效应
> 1 000	被植物吸收后转变为热能,影响有机体的温度和蒸腾情况,可促进干物质的积累,但不参加光合作用
1 000 ~ 720	对植物伸长起作用,其中700 ~ 800 nm辐射称为远红光,对光周期及种子形成有重要作用,并控制开花及果实的颜色
720 ~ 610	红、橙光被叶绿素强烈吸收,光合作用最强,某种情况下表现为强的光周期作用
610 ~ 510	主要为绿光,叶绿素吸收不多,光合效率也较低

续表

光谱/nm	植物生理效应
510~400	主要为蓝、紫色光,叶绿素吸收最多,表现为强的光合作用与成型作用
400~320	起成型着色作用
<320	对大多数植物有害,可能导致植物气孔关闭,影响光合作用,促进病菌感染

在光合作用中,作物叶片吸收可见光中的部分光波,其中红光、橙光最具光合活性,绿光在光合作用中吸收最少,称为生理无效光。因此,光波长短对作物生长和干物质的积累有重要意义。

不同波长的光对植物形态结构及色素形成影响不同。蓝紫光加速短日照植物生长,抑制植物伸长使之形成矮小形态,促进花青素等色素的形成。高山植物一般具有形态矮小、花色鲜艳等特点,这与高山上蓝紫光及紫外线较多有关。红光、橙光加速长日照植物生长,抑制短日照植物生长,促进植物茎的生长。紫外线能促进花青素的形成,抑制作物徒长。红外线不能引发植物生化反应,只有增热效应,为植物生长提供热量。

不同波长的光对光合作用产物的成分也有影响。红光有利于碳水化合物合成,蓝光能促进蛋白质合成,而紫外线与维生素 C 的合成有关。

 思考与交流

1. 光照强度的生物学效应有哪些?

2. 什么是植物的光周期效应? 光周期的生物学效应有哪些?

3. 各种光谱成分对植物的影响有哪些?

任务三 园艺作物与光环境的关系

一、蔬菜与光环境的关系

光照环境是影响蔬菜生长发育的重要因子,设施蔬菜生产常在弱光季节进行,又加之蔬菜设施透光过程的光损失,故光照度常成为设施喜光蔬菜生产的限制因子。因此,充分认识蔬菜对光环境的需求以及光环境对蔬菜生长发育的影响,对于设施蔬菜生长极为重要。

(一)蔬菜对光照度的基本要求

1. 蔬菜作物的光补偿点和光饱和点

植物光补偿点是指植物在一定的光照下,光合作用吸收 CO_2 和呼吸作用数量达到平衡状态时的光照强度;植物光饱和点是指在一定的光强范围内,植物的光合速率随光照度的上升而增大,当光照度上升到某一数值之后,光合速率不再继续提高时的光照强度。蔬菜作物虽多属 C_3 植物,但是不同种类蔬菜作物的光合特征有所不同。光饱和点较高的蔬菜,在光饱和点时的光合速率也较高,反之就低。不同蔬菜作物的光补偿点差异较小,一般在 25 ~ 53 $\mu mol/(m^2 \cdot s)$。然而光饱和点除了与蔬菜种类有关外,还受品种特性、植株生长状态以及 CO_2 浓度和其他环境因素的影响,因此,不同条件下所测得的数值不同。

2. 光照度与蔬菜生长发育和光合作用

光照度对蔬菜生长发育有较大的影响,但不同蔬菜作物适应光照度的能力不同。弱光条件下,蔬菜干物质积累较少,茎叶纤细,根系较小,叶片黄弱变薄,徒长,产量降低;对于果蔬类来说,花芽分化延迟,节位升高,花发育不良。结合各类蔬菜作物光饱和点,通常将其分为强光型(光照度 40 klx 之间)、中光型(光照度在 10 ~ 40 klx 之间)和弱光型(光照度 10 klx 左右)3 类。

现实生产中影响蔬菜光合作用的光照度主要是弱光。蔬菜作物在光饱和点以下随光照度减弱,净光合速率下降,下降幅度还与温度、CO_2 浓度、相对湿度等环境因素有关。

3. 光照度与蔬菜营养元素吸收和利用

植物体内氮代谢对光照环境的变化非常敏感。弱光下果菜施氮肥过多,会出现氮素过剩症状(斋藤隆等,1981),这是因为作物对氮的需求随光照度减低而减低(曾希柏等,2000)。

(二)光质对蔬菜生育的影响

光质就是光谱组成,一般可分为可见光、紫外光和红外光。可见光中又分为赤、橙、红、绿、青、蓝、紫 7 色光;红外光可分为远红外光和近红外光。光质对蔬菜作物的光合、形态建成、种子发芽、植株生长、根菜及鳞茎肥大、花芽形成及打破休眠以及病虫害发生等都有一定影响。而且,不同蔬菜种类对光质的基本要求也不同。

1. 光质对蔬菜种子发芽的影响

按照蔬菜种子发芽对光质的敏感程度,可将蔬菜种子分为 3 类:第一类是需光种子,种子发芽时需要一定的可见光,在黑暗条件下不能发芽或者发芽不良如莴苣、紫苏、芹菜、胡萝卜等;第二类是嫌光种子,种子要求在黑暗的条件下才能发芽,有光则发芽不良,如南瓜、瓠瓜、苋菜、葱、韭菜、萝卜等;第三类是光质不敏感型种子,在可见光或黑暗条件下均能正常发芽,如白菜类、甘蓝类、黄瓜、西瓜、辣椒、豆类、菠菜、茄子等大多数蔬菜种子。

虽然光质对蔬菜种子发芽的影响比较复杂,但需可见光的蔬菜种子和光质不敏感型蔬菜种子发芽,所需光的适宜光谱一般为 580 ~ 700 nm 的红光部分,700 ~ 800 nm 的远红光和 500 nm 以下的蓝色光抑制种子发芽,当然也有个别蔬菜种类或品种有所不同。

2. 光质对蔬菜生长的影响

自然光照下,400 ~ 500 nm 的蓝紫光具有抑制蔬菜作物伸长生长的作用。但在弱光条件下,有些作物表现为蓝紫色比红光具有更大的抑制伸长生长的作用,而有些作物则表现为相反的结果,这可能是蓝紫光和红光抑制蔬菜作物伸长生长有一个界限光照度,即在某一界限光照度以上蓝紫光发挥更大作用,但在这一界限光照度以下红光发挥更大作用。而这种界限光照度以蔬菜种类和品种不同而异。

有试验表明,完全除去 529 nm 以下波长的光,可促进一些植物茎叶伸长生长,同时产生扭曲。而完全除去 472 nm 以下波长的光,同样可促进植物茎叶伸长生长,但只产生轻微扭曲。除去 450 nm 以下波长的光,同样可促进植物茎叶伸长生长,但不产生扭曲。说明蓝紫光具有抑制植株茎叶伸长生长作用。另据报道,除去 500 nm 以下的太阳光可促进芹菜、三叶芹和矮生菜豆茎的伸长生长,并发现具有提高矮生菜豆茎部 IAA 含量的作用。

3. 光质对蔬菜根、茎肥大和花芽分化的影响

光质对蔬菜根、茎肥大和花芽分化的影响比较复杂。在短日条件下补充远红光可促进洋葱鳞茎肥大,而补充蓝光次之,红光则不能促进鳞茎形成(寺分,1965);水萝卜则补以红光可促进根的形成,但补以蓝光抑制根的形成,而促进生殖生长(Shigin,1964)。

蓝光可促进许多蔬菜的花芽分化,增施蓝光有利于水萝卜、芜菁、芹菜、莴苣等蔬菜的生殖生长;在 15 h 长日照下,蓝光可提高黄瓜雌花着生率,而抑制侧枝发生(山田等,1977)等。这说明 400 ~ 500 nm 波长的光与许多蔬菜的成花具有密切关系。

4. 蔬菜病原真菌孢子形成与光质的关系

光质对病原真菌孢子形成有较大影响。不同病原真菌孢子形成对光质的反应不同,因此划分为紫外光诱导型、紫外光促进型、紫外光和蓝光诱导型、紫外光和蓝光促进型、光无感应型和光阻碍型 6 种类型。

5. 昆虫活动与光质的关系

许多昆虫活动受光质的影响。在黑暗中蚜虫积聚在紫外光下,其次在蓝光下;但在自然光下,短波光刺激飞翔,长波光刺激着陆,575 ~ 580 nm 波长的黄色光有利于蚜虫积聚,蓝紫光和蓝绿光不利于积聚。此外,紫外光可促进蜜蜂和花虻的活动,进而促进授粉。据试验,蜜蜂视觉细胞感光度高的波长是 340 nm,430 nm,460 nm 及 530 nm,如果缺少 340 nm 光波,就会使蜜蜂产生暗视觉,抑制其活动。花虻具有同样现象。

(三)蔬菜对日照长度的基本要求

日照长度对蔬菜作物的影响主要表现在光周期现象和生长发育两方面。

1.蔬菜作物光周期现象

所谓植物光周期现象是指植物开花结实必需一定的光照时间和黑暗时间交替的现象。依据蔬菜作物对光周期的反应,可分为短日照植物、长日照植物、中光性植物。

(1)短日照植物

指每日必须经过某一时间长度以下光照才能开花结实的植物。如大豆、豇豆、扁豆、茼蒿、苋菜、蕹菜等。

(2)长日照植物

指每日必须经过某一时间长度以上光照才能开花结实的植物。如白菜类、甘蓝类、葱蒜类、萝卜、胡萝卜、芹菜、菠菜、莴苣、蚕豆、豌豆等。

(3)中光性植物

指光照长度对开花结实无很大影响的植物。如茄果类、瓜类、菜豆类。

2.日照长度对蔬菜生长发育的影响

日照长度除了对光周期有重要作用外,对作物光合作用和生长也具有重要影响。一般在短日照条件下补充光照长度,可明显促进蔬菜作物生长发育。但是并不是光照时间越长蔬菜作物生长发育越好,各种蔬菜作物需要日照长度除与本身种类和品种特性有关以外,还与光照度、温度以及水分、CO_2 浓度等因素有关。

二、花卉与光环境的关系

光照是绿色植物生存的必要条件,它是叶绿素的形成、光合作用的能源。没有光照也就没有绿色植物。花卉需要绿色,促进生长发育,花卉开花供人观赏,需要红、黄、绿、蓝色或者多种颜色,通过光照合成花青素表现各种颜色,增加花卉的观赏效果。光照需要的是光照度、光质量和光周期。

(一)光照度

光照度的单位为 lx。一般认为晴天光照度为 100 000 lx,阴天的光照度在100～1 000 lx 之间,白天室内的光照度在 1 000 lx 左右。光照度的强弱,对花卉植物体细胞的增大、分裂和生长有密切关系。光照度增加,植株生长速度加快;促进植物的器官分化;制约器官的生长和发育速度;植物节间变短、变粗;提高木质化程度;改善根系的生长形成根冠比;促进花青素的形成;使促进花色鲜艳。众多的花卉在原产地已经形成对光照度适应能力,在花卉栽培中,满足各种花卉对光照度的要求,分别给予直射光或漫散射光。根据花卉原产地固有的生理对光照度的需求,可分为四大类花卉。

1. 阴性花卉

这一类花卉在整个生长发育期需要漫散射光,在北方的 5 ~ 10 月份需遮阳栽培,直射光能破坏植物细胞内的叶绿素。在南方全年需遮阳栽培,在北方的早春和冬季温室栽培需要太阳光。如秋海棠、万年青、玉簪、麦冬、八仙花、变色木、朱蕉、君子兰、何氏凤仙等。

2. 强阴性花卉

这一类花卉在整个生长发育期需要漫散射光,不能见直射光。在南北方全年需遮阳栽培。如蕨类植物、马蹄莲、竹芋、绿萝、散尾葵、马拉巴栗、鸭跖草等。

3. 阳性花卉

这一类花卉整个生长发育期喜欢直射光,所以在栽培中必须给予充足的阳光条件才能开花。光照充足使花卉植株高矮适宜,花芽分化正常,花色鲜艳,坐果率高,挂果时间长。如月季、荷花、香石竹、一品红、菊花、牡丹、梅花、一串红、唐菖蒲、郁金香、百合花、鸡冠花、冬珊瑚、石榴等。

4. 中性花卉

这一类花卉在春、秋、冬三季需太阳直射光,夏季光照强烈时需加遮阳栽培。如扶桑、仙人掌、天竺葵、朱顶红、晚香玉、景天、虎皮兰等。

(二)光质量

花卉栽培是在太阳光的全光谱下进行的,但是不同的光谱成分对光合作用、叶绿素、花青素的形成有不同的效果和影响。

在光合作用中,绿色植物只吸收可见光区(380 ~ 760 nm)的部分,通常把这一部分光波称为生理有效辐射。其中红、橙、黄光是被叶绿素吸收最多的光谱,有利于促进植物的生长。青、蓝、紫光能抑制植物的伸长而使植株矮小,它有利于控制花青素等植物色素的形成。在不同可见光谱中紫外线也能抑制茎的伸长和促进花青素的形成,它还具有杀菌和抑制植物病虫害传播的作用。红外线是转化为热能的光谱,使地面增温及增加花卉植株的温度。

花卉在高原、高山地区栽培,受太阳辐射所含的蓝、紫及紫外线的成分多,因此,高原高山花卉常具有植株矮小、节间较短、花色艳丽等特点。花青素是各种花卉的主要色素,它源于色原素,产生于阳光强烈时,而在散射光时不利于形成。因此,在室外花色艳丽的花卉,移入室内一段时间后,便会发生叶色和花色变淡的现象,影响观赏,所以,观花花卉在室内观赏一段时间后,再移入阳台给予日光的照射,花色依然艳丽。

(三)光周期

光周期就是指每天光照时数的交替现象。有些植物必须在低于其临界日照长度的情况下才能开花,有些则需要在高于其临界日照长度的情况下开花。花在栽培中,需要光周期现象,才能完成植物的生理现象,而达到开花的目的。根据花卉对光周期的敏感程度分为3类。

1. 长日照花卉

这一类花卉是每天光照时数在12 h以上才能分化花芽而完成开花,如紫茉莉、唐菖蒲、飞燕草、荷花、丝石竹、补血草类等。

2. 短日照花卉

这一类花卉是每天光照时数在12 h以下才能够分化花芽而完成开花,如菊花、象牙红、蟹爪兰、一品红等。

3. 中日照花卉

这一类花卉对光照时数不敏感,有无光照时间限制都能完成花芽分化并开花,如仙客来、香石竹、月季、牡丹、一串红、非洲菊等。

了解花卉开花对日照长短的反应,对调节花期具有重要的作用。利用这种特性可以使花卉提早或延迟花期。如使短日照花卉长期处于长日照的条件下,它只能进行营养生长,不能进行花芽分化,不形成花蕾开花。而如果采用遮光的方法,可以使短日照花卉提早开花,反之,用人工加光的方法可以使长日照花卉提早开花。

植物的光周期效应不仅体现为诱导花芽分化,也表现在影响贮藏器官的形成。如花卉中水仙、仙客来、郁金香、大丽花及秋海棠等其贮藏器官的形成均受到光周期的诱导与调节。

■ **思考与交流**

1. 根据作物对光照长度的要求不同,可以分为哪几类,并说明代表性物种。

2. 举一日常蔬菜说明其对于光照条件的需求。

3. 举一日常花卉说明其对于光照条件的需求。

任务四　设施光环境的调控技术与设备

一、温室光照控制与调节

温室内光照条件来源于自然光照,自然光照随季节和纬度有着明显差异,无论弱光、短日照还是强光、长日照都有可能成为温室作物生长的限制因素。因此,在实际生产中进行光照控制与调节是很有必要的。

(一) 增加室内自然光照

温室平均透光率与温室方位、类型、结构及覆盖材料均有密切关系,因此,应根据当地自然环境如地理位置、气候特点、建设地点现状等进行温室合理布局。

1)确定合适的建筑方位和采光屋面角,以日光温室为例。生产上选择冬半年阴雨少,粉尘和烟雾等污染少的地区和地段建造温室,在高纬度地区透明屋面以南偏西5°~10°为宜。这是因为高纬度地区冬季清晨气温低,光照弱,有些地方还有雾,早上揭草苦晚,偏西一点可充分利用中午和下午的光照。合理的屋面角度最大可能减少反射光的损失,使寒冷季节每天的大部分时间都有较大的透光率。在北纬32°~43°区域内,温室的屋面角应达到25°~35°。

2)设计合理的温室结构,选择适当的透光覆盖材料,并尽量减少结构件和配套设备的遮阳,力求获得良好的光照环境。尽可能缩短温室后坡长度,透明屋面以拱圆形为宜,最好是抛物面和圆形面相结合。

3)选择透光率高、无滴、防尘、耐老化膜,性能好的薄膜透光率高,使用越久的棚膜透光率越差。另外扣膜时要拉平、拉紧,薄膜上的褶皱多也影响透光,在中午前后扣膜容易拉紧。充分利用反射光,把后墙用白灰涂白,能增加室内的反射光量。在后墙张挂反光幕,可使膜前3 m范围内的光强增加7.8%~43%。地面铺设地膜,可增加近地面的光照。

4)加强对棚膜、草苦的管理。要经常打扫或清洗设施的透明覆盖物,保持表面整洁,干净膜可比污染膜增加透光率约20%。草帘、二道幕等应在保证室内温度的前提下,尽量早揭晚盖,延长光照时间。

5)调整作物,合理布局密植。高棵和高架作物对中下部遮光重,要适当稀植,并采用南北向大小行距栽培法。不同种类作物搭配种植时,矮棵或矮架作物在南部和中部,高棵或高架作物在北部和两侧。最好进行高、矮间作或套作栽培,如茄子、番茄与草莓的间套作。

6)吊蔓栽培。需搭架栽培的黄瓜、番茄等作物使用无色透明尼龙绳吊蔓栽培,并使绳架向南倾斜5°~10°,不仅可减少材料遮光,还可减少南排作物对北排作物的遮光,利于中午前后太阳光直射入下部,减少垂直光照差异。

(二)人工补光调节

人工补光又分为人工光周期补光和人工光合补光。前者是当黑夜过长影响作物生长发育时采用人工光源延长日照时间的补光措施。后者则是当自然光不足影响作物光合作用时采用人工光源补充光合能量的补光措施。

(三)遮光调节

遮光调节包括光合遮光调节和光周期遮光调节。在盛夏季节,强光和高温往往会抑制作物光合作用甚至严重影响其生长发育,采用具有一定透光率的遮阳材料可以减弱温室内光照强度,并有效降低温室内温度,促进作物光合作用。这种遮光作用称为光合遮光调节。光周期遮光是指通过遮光方式缩短日照时间、延长暗期,保证短日照作物对连续暗期的要求。在某些情况下,光周期遮光也是改变作物光照节律进行特殊育种的手段之一。

常见的遮光方法主要有三种:

1)覆盖遮阳物。可覆盖草苫、竹帘、遮阳网、布织网等。一般可遮光50%~55%,降温3.5~5.0℃左右,这种方法应用最广泛。

2)玻璃涂白或塑料膜抹泥浆法。涂白材料多用石灰水,一般石灰水喷雾涂白面积30%~50%时,能减弱室内光照20%~30%,降温4~6℃。

3)流水法。在透明屋面上不断流水,既能遮光,还能吸热。可遮光25%,降温4℃左右。

温室内蔬菜、花卉等植物的栽培,一般是在冬春季节,此时光照时间较短,光线较弱,光照通常是作物生长发育的主要限制因素。生产者建设温室常常要求能够在周年任何季节生产各种不同环境要求的作物或出于商业目的的考虑,要求在室外光照条件不利于作物生长的季节生产一些光敏性的作物。在这种情况下,温室补光就成了温室设计必不可少的设备。近来,由于灯具的改进和照明方法的改良,在温室内观赏植物和蔬菜的商业生产过程中,逐步开始使用人工光源进行作物补光,以获得更好的产品品质和商业效益。但由于补光需要消耗大量的电能,在确定温室补光方案时,一定要首先分析生产产品在经济上的可行性,以免造成不必要的浪费,甚至出现经济亏损。

由于人工补光系统在一次性投资和运行费用方面都较高,因此,在选择和设计光照系统时需要权衡考虑各种因素,并在以下几个方面达到优化设计:①作物对光的响应;②其他环境因子的条件;③作物对光照度、光照时间和光谱成分的要求;④可产生最佳效果的光源;⑤可提供最均匀光照的系统设计;⑥系统的投资及运行费用。

二、温室补光

（一）人工光源的种类与特性

在选择人工光源时，一般参照以下的标准来进行选择。

1. 人工光源的光谱性能

根据植物对光谱的吸收性能，光合作用主要吸收 400～500 nm 的蓝、紫光区和 600～700 nm 的红光区。因此要求人工光源光谱中富含红光和蓝、紫光。

2. 发光效率

光源发出的光能与光源所消耗的电功率之比，称为光源的发光效率。光源的发光效率越高，所消耗的电能越少，这对节约能源，减少经济支出都有明显的效益。光源所消耗的电能，一部分转变为光能，其余则转变为热能。

人工光源的发光效率有三种表示方法，分别为：

$\eta = lm/W$（流明/瓦）

$\eta = mW/W$（毫瓦/瓦）

$\eta = \mu mol/W$（微摩尔/瓦）

表 2-2 给出了部分常用人工光源的发光效率。由表可以看出，白炽灯的发光效率最低而低压钠灯的发光效率最高。

表 2-2　部分常用人工光源的发光效率

光源名称	发光效率		
	lm/W	mW/W	μmol/W
白炽灯	17	6	0.34
荧光灯	70	19	0.95
金属卤化物	87	26.5	1.06
高压钠灯	106	26.1	1.22
低压钠灯	143	27.6	1.35

3. 其他因素

在选择人工光源时还应考虑到其他一些因素，比如，光源的寿命、安装维护以及价格等。

进行光照设计、选择最佳光源时，需要了解光源的结构、效率及电性能。表 2-3 给出了温室常用补光灯的综合性能比较。由表可知，白炽灯是热辐射，红外线比例较大，发光效率低，但价格便宜，主要应用于光周期的照明光源；荧光灯发光效率高、光色好、寿命长、价格低，但单灯功率较小，只用于育苗；高压水银灯功率大、寿命长、光色好，适合温室补光；金属卤化物等具有光效高、光色好、寿命长和功率大的特点,是理想的人工补光源。

在过去十多年中,市场上陆续出现了一些新的或改进后的高效率光源,其中有一些是专为作物生长开发的,温室补光设计中应尽量采用光效率高的灯具。表 2-3 为温室常用人工光源及其发光原理和主性能参数。

表 2-3　温室常用人工光源及其发光原理和主要性能参数

光源类型	发光原理	功率/W	发光效率 lm/W	主要光谱	使用 寿命/h
白炽灯	电流通过灯丝的热能效应产生光	15 ~ 1 000	10 ~ 20	红橙光	1 000
荧光灯	电流通过灯丝加热—氧化钍发射电子—冲击汞原子—刺激管壁荧光粉发光	40	60 ~ 80	类似阳光	12 000
高压水银灯	高强度放电管,管内有主副电极,并充有水银蒸汽和少量氩气,电子冲击和电离产生辐射	400 ~ 1 000	40 ~ 60	蓝绿光 紫外辐射	5 000
金属卤化物灯	放电管内除高压汞蒸气外还有碘、溴、锡、钠等金属卤化物	200 ~ 400	70 ~ 90	蓝绿光 红橙光	数千小时

(二)温室常用人工光源

1. 白炽灯

白炽灯属于热辐射光源(见图 2-2),其发光原理是在抽成真空的灯泡中利用电流通过钨丝发光。白炽灯的色温在 2 800 ~ 900 K,光谱范围主要是红外线,可见光所占比例较小,因而发光效率较低。标准的白炽灯主要用于天长的控制,灯的大小在 40 ~ 50 W(115 V 和 230 V)之间。生产者可以通过改变灯具之间的安装距离来调节作物表面的光照度。其平均寿命为 750 ~ 1 000 h,这类灯通常带一球面形反射罩,使光线向下照射。

图 2-2　白炽灯

2. 卤钨灯

其发光原理基本与白炽灯相似,是在灯泡或灯管中充以少量的卤素,由碘或溴的蒸气制成(见图2-3)。卤化钨丝蒸发形成碘化钨或溴化钨,蒸气中的卤化钨会在钨丝上沉积,从而防止玻壳黑化,并在整个使用期间光输出保持不变,使用寿命比白炽灯长1倍多。在温室光照中最常用的卤钨灯是抛物线状灯泡带反光板。灯泡寿命2 000 h,最大功率可达1 500 W,但光输出效率比其他光源低。

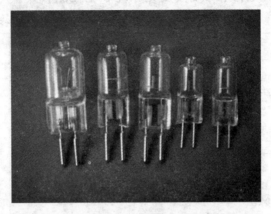

图2-3 卤钨灯

3.荧光灯

荧光灯是一种低压气体放电灯,又称日光灯(见图2-4)。内壁涂有荧光粉,管内充有水银蒸气和惰性气体,其光色随管内所涂荧光材料而异。采用卤磷酸钙荧光粉制成的白色荧光灯,其发射波长范围在350~750 nm,峰值在580 nm,比较接近阳光。采用混合荧光粉制成的植物生物灯,除在红橙光区有一个主峰值外,在紫外光区还有一个峰值,因而,与叶绿素吸收光谱相吻合。

荧光灯必须通过特殊设计的镇流器才能与电源相连。镇流器产生瞬时高压后启动放电动作,荧光灯才开始正常工作。荧光灯的镇流器会使所需运行能量提高5%~15%。如果对光照水平要求较高,可使用高输出(HO)或特高输出(VHO)灯管。

图2-4 荧光灯

由于荧光灯提供线光源,可获得比白炽灯更均匀的光照,还可通过采用成组灯管创造要求强度的光照。所以,长期以来,荧光灯一直是组培室中幼苗生长的标准光源,其寿命不低于 12 000 h,能量效率为 60 ~ 80 lm/W。

4. 高压水银灯

高压水银灯是一种高强度放电灯(见图2-5)。放电管是高压水银灯的核心。管内装有主、副电极,并充有2~4个大气压的水银蒸气和少量的氩气,气体放电中水银原子增加,由于电子冲击引起激发和电离而产生辐射。典型的水银灯主要产生蓝-白光,很少有红光,除可见光外,高压水银灯还有约3.3%的紫外辐射。

为了改善高压水银灯的光色,提高光效,采用与荧光灯相同的方法,在玻璃外壳的内壁上涂以荧光材料,而形成高压水银荧光灯。由于这种技术的发展,温室补光中很少采用无涂层的高压水银灯。虽然增加涂层可能会使发光效率略有降低,但高压水银灯的功率可以做得很大,最大功率可达到 1 000 W,光通量可达 50 000 lm。作物生产中最常用的是 400 W 和 1 000 W 两种,其发光效率在 40 ~ 60 lm/W,使用寿命在 5 000 h 左右。

设计灯具时应同时考虑安装镇流器和反光板。由于需要高压,水银灯在启动后几分钟后才能达到完全亮度。灯在熄灭后需要 5 ~ 10 min 冷却才能重新启动,这一点在设计控制系统时非常重要。

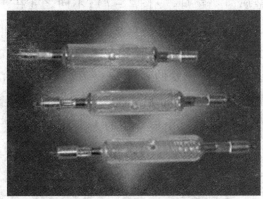

图2-5 高压水银灯

5. 金属卤化物灯

金属卤化物灯是由高压水银灯发展而来(见图2-6)。它是由一个透明玻璃外壳和一根耐高温的石英玻璃放电内管组成,其外形和高压水银灯相似,不同之处在于放电管除充有高压水银蒸气外,还增加了各种金属卤化物,如溴化锡、碘化钠、碘化铊等金属化合物。当灯点亮后,金属卤化物形成蒸气,在放电过程中,这些元素激发产生不同波长的辐射,从而使灯的发光效率和光色得到改善。一般金属卤化物灯的发光效率大约是高压水银灯的 1.5 ~ 2 倍,色温为 5 500 K,寿命可达几千小时。金属卤化物灯的光色可以随不同的金属卤化物成分而改变,一般在蓝~紫区域发出的光更多。

金属卤化物灯中基本气体除了水银蒸气外,还可加入碘蒸气。它比仅用水银蒸气可多输出50%的光,光质更好,寿命为8 000~15 000 h。为调节光质和节约能耗,在作物生长环境下,可以将金属卤化物灯和高压钠灯按1:1搭配安装使用。

图2-6　金属卤化物灯

6.高压钠灯(HPS)

高压钠灯类似金属卤化物灯(见图2-7),不同之处在于灯泡内填充了高压钠蒸气,由电流通过高温高压钠蒸气后放电发光,此外还添加少量氙和水银等金属的卤化物用以帮助起辉。这种极高输出的光源主要产生黄橙色光,由于其效率极高,所需灯具很少。研制开发的新型陶瓷弧形灯管使灯管的使用寿命高达20 000 h。这种灯在熄灭后需1 min后才能重新启动,启动后3~4 min才能达到完全亮度。高压钠灯是目前温室中最常用的人工补光光源。

图2-7　高压钠灯(HPS)

7.低压钠灯(LPS)

低压钠灯类似于高压钠灯(见图2-8),只是放电管内用低压钠蒸气代替了高压钠蒸气。这种灯是一种很特殊的光源,其发射光谱为589 nm的黄色光质,因为发光光谱集中,所以是所有电光源中发光效率最高的光源,亦即LPS比HPS

更有效。但由于其光谱单一，LPS 很少单独使用于温室补光。将 LPS 与白炽灯配合使用可使作物品质比仅用 LPS 时有较大改善。

在设计上，LPS 灯的灯管与荧光灯相近，但能发出更多辐射能。例如，3 只 180 W 的 LPS 产生的辐射能相当于 8 只 150 W 的荧光灯。LPS 灯平均寿命为 18 000 h。这种灯在关闭后可立即启动，控制上与白炽灯非常配合，由于产热量少，安装 LPS 可比 HPS 离作物距离更近。

图 2 - 8　低压钠灯(LPS)

8. 反光板

反光板不是光源，但却是光源不可缺少的附件，没有反光板就不可能实现均匀布光(见图 2 - 9)。反光板的设计旨在使生长区域获得均匀一致的光照。这里将反光板作为一条列在光源部分，主要是强调其与光源的密切关系。为了减少补光系统中灯源产生的阴影，白炽灯和荧光灯可配内置式反光板。人们在为高能灯(HID)配置反光板方面进行了大量研究，最初的设计将灯间距离限制在灯高的约 1.5 倍，现在新的设计可以使此间距达到灯高的 4.5 倍，而仍能保证光分布均匀。这在低屋顶或有培养架的温室或多层生长室中特别重要。温室和生长室的屋顶和墙壁涂成白色可作为反射板设计，它可以减少投射到无用区域中的光线。

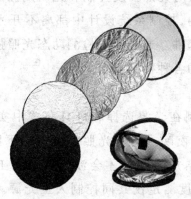

图 2 - 9　反光板

综上所述，可用于温室补光的光源种类较多，而且每一种类还有多种规格，其对应的发光光谱、发光量和发光效率等都各不相同。设计中应根据种植作物的特性和不同要求合理选择。

三、光照测量与控制

(一)光照测量

根据测量光辐射波段的不同,对应每种光照单位,测量光照的仪表分别有辐射表、照度计、量子仪和光合有效辐射仪等。

1. 辐射表

目前,测定光辐射的仪器主要是以测定吸收辐射所产生的热量为基础。黑体接受辐射后,热量增加、温度升高,其中温度升高的程度与接受的辐射能成正比,因此测定辐射,实际上就是测定黑体表面温度增加的情况。

辐射表分为总辐射表、直射辐射表和散射辐射表。辐射表测定的是单位时间单位面积上的总辐射能,单位为 W/m^2。

2. 照度计

照度计是专用于测量光照度的仪表,测量的单位是 lx。由于光照度在温室光照设计中应用较多,所以照度计是温室光照测量中最常用的一种仪表,由于通用性强,相应地价格也较低。

照度计的光敏传感器是光电池,通常使用最多的光电池是硒光电池和硅光电池,它吸收光能后产生电能,进而推动一个小型电流计指示光照的大小。

由于其灵敏性,照度计还可用于获取辐射能(可见光＋紫外线＋红外线)的相对数值,可对同一类型灯的输出进行比较,比如对两个荧光灯的光输出进行比较。但如果不对输出波段进行参数修正,则不能对一个荧光灯和一个白炽灯进行比较。

(二)光照控制

光照控制的内容主要有光照强度控制和光周期控制两种方式。不论是光照强度控制还是光周期控制,控制系统设计中都离不开光照强度测定仪和定时器这两个基本的传感控制部件。通过实时检测动态光照强度变化,配合时钟控制,可完成对光强和光周期的各种控制要求。

1. 光照强度控制

一般光照强度的控制在光源选择和灯具布置中实际上已经确定了其最大值,光照强度控制只是在夜晚或自然光照达到设定下限时打开全部光源即可。只有在凌晨或傍晚时分增加强度时才会涉及调节人工补光的光强。这种情况下,可采用时钟和光照强度测定仪共同控制人工光源。如果室外光照条件很差(如遇到春季的连阴天或某些地域雾天或阴雨天较多)室外光照不能满足作物生长要求时,白天也需要进行人工补光,这时,人工补光应尽量利用室外的光照,以节约人工光照的能源消耗。

　　对于自然光照条件下的人工光照,光照强度的控制首先要通过光照传感器获得温室内光照强度的变化,由于室内光照可能会受到短时云层遮盖或骨架阴影等因素的影响,温室光照控制不能以传感器测得的瞬时值作为控制的依据,一般应以一段时间内的平均值、最高值或延时测定值等作为控制依据。当测定到光照强度控制值低于设定值下限后开始人工补光,而当补光强度大于设定值上限后应调节光照强度,以最大限度节约能源。

　　调节人工光照强度的方法主要有两种:一是采用组合灯具,将其中部分灯具开启,部分灯具关闭,这种方法要注意补光的均匀度;二是采用改变供电电压的方法,一般像白炽灯、荧光灯、金属卤化物灯等,其光输出随供电电压的升高而升高,但在具体使用中要考虑电压的调节应在光源的额定电压调节范围内,因为长时间过高的电压会直接影响光源的使用寿命。

　　如果不是在自然光照条件下进行人工光照补光(如夜间温室人工补光、生物培养箱光照、组培室光照等),则对人工补光的控制可省去对光照的测量,而仅用时间控制即可完成,按照设计功率定时完成对光源的开启或关闭。这种情况下,用定时器即可完成对人工光源的控制。

　　综上可以看出,对光照强度的控制主要有两种方式:一是无外界自然光照条件下的光照控制;二是有部分自然光照下的光照控制。前者控制设定强度或按照最大设计能力打开部分或全部光源即可,是一种开关控制;而后者则需要通过测量、比较、判断和分析后才能确定控制开启灯具的数量及其分布,对于比较精细的控制,往往要引入计算机控制系统。

2.光周期控制

　　当进行光周期补光控制时,因不同季节、不同作物其控制策略有较大差别,但主要是根据时钟控制。常用的光周期控制方法有以下几种:

　　(1)延长日照

　　于傍晚天色变暗的时候开始补光,使短日照植物花芽分化处于临界日照长度以上,控制花芽分化或给予长日照植物开花所需要的适宜日照长度促进其开花。这种控制方法,也称作初夜照明。

　　(2)中断暗期

　　针对短日照植物在日照长度变短时和长日照植物在日照长度变短时有利于促进开花的特性,不是将日照长度延长,而是应用光照将暗期分为两段进行补光,即进行深夜照明。暗期中断通常以 2～4 h 为标准。

　　(3)间歇照明

　　在大规模温室生产采用人工补光栽培时,受电源容量的限制,同时暗期中断有困难,可采用反复数次轮流暗期中断的方法进行补光。一般间歇时间为光照15 min、熄灯45 min。

（4）黎明前光照

短日照植物在自然日照长度显著缩短至适宜的日照长度以下时,会出现节间变短、花瓣数减少、顶叶变小等不良变化。花芽的分化与发育仍需要光照来维持适当的日照长度。为此,采用从黎明前到清晨进行光照,给予短日照植物超过临界日照长度的光照。这种方法也称作清晨光照,其效果类同于傍晚延长日照的方法。

（5）短日中断光照

在菊花的冬季生产中,由于光照中止后,日照长度显著变短。上部叶片小型化,重瓣花品中的舌状花数量减少、管状花增多,出现露心,而使切花品质降低。为了防止上述现象的发生,于光照停止10～14 d后,在小花形成期再次进行5～7 d人工光照。这种方法也称为再次光照。

附件:光照术语

光源在单位时间、向周围空间辐射并引起视觉的能量,称为光通量。用 Φ 表示,单位为流明(lm)。

单位面积上接受的光通量称为光照度,用 E 表示,单位勒克斯(lx), $E = \Phi/S$。

Φ——光通量(lm); S——受照面积(m^2)。

换算关系:

$1 lx = 1 lm$ 的光通量均匀分布在 $1 m^2$ 面积上的照度。

$1 lm =$ 发光强度为 $1 cd$ 的点光源,在单位立体角内发射的光通量。

$1 lx =$ 发光强度为 $1 cd$ 的点光源在半径为 $1 m$ 的球面上产生的光照度。

思考与交流

1. 增加室内自然光照的方法有哪些?
2. 如何对设施内进行遮光处理?
3. 对比温室常用人工光源的特点。
4. 如何对园艺作物进行光照强度控制?
5. 光周期控制有哪些方法?
6. 光照强度如何测量?

项目三

设施热环境及其调控

【任务描述】

掌握热平衡原理的相关概念；设施热环境特征；能阐述蔬菜、花卉对温度的要求；能进行设施花卉、蔬菜作物保温、升温和降温等技术操作。

【能力目标】

1. 能简单描述热平衡原理的相关概念；

2. 能阐述影响热环境的因素及花卉、蔬菜对热环境的要求；

3. 能阐述设施热环境的调节技术与设备；

4. 能通过环境调控与栽培管理技术措施，使园艺作物与设施的小气候环境达到要求。

【任务分析】

每4、5人为一个学习组，由一人负责，统筹安排查阅资料并整理，学习组一起讨论，围绕设施热环境特点及其调控措施制作汇报材料，期间提出存在的疑问，教师引导答疑。

【工作过程】

1. 资料查阅

学习组成员根据给定的工作任务在图书馆、互联网上搜索相关概念及设施热环境特点及其调控措施并整理。

2. 资料汇总，制作汇报材料

（1）将所搜集的材料按照类别进行汇总；

（2）指导学生进行设施热环境调控措施的制定，制作完成汇报材料。

3. 汇报，交流

组织各组进行汇报、提问、交流。

【理论提升】

温室内的温度条件是环境中非常重要的因子，它的高低往往是温室生产成败的主导因素,因此,人们历来十分重视温室温度的变化及其调节技术。

任务一　设施热环境特征

一、温度变化特征

1.气温的日变化规律

春季不加温温室气温日变化规律,其最高与最低气温出现的时间略迟于露地,但室内温差要显著大于露地。中国北方的节能型日光温室,由于采光、保温性好,冬季日温差高达 15 ~ 30℃,在北纬40°左右地区不加温或基本不加温下能生产出黄瓜等喜温果蔬。

2.气温的季节变化

日光温室内冬季天数可比露地缩短 3 ~ 5 个月,夏季可延长 2 ~ 3 个月,春秋可延长 20 ~ 30d。(见图 3 - 1)

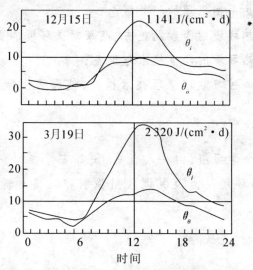

图 3 - 1　无加温温室内温度的日变化

3.设施内的"逆温"现象

通常温室内温度都高于外界,但在无多重覆盖的塑料拱棚或玻璃温室中,日落后减温速度往往比露地快,常出现室内气温反而低于室外气温 1 ~ 2℃的逆温现象。

4.地温的日变化规律

设施内地温随着气温的变化而变化见图 3 - 2。从图上可以看出,一天中,最高地温值比最高气温晚出现 2 h 左右,最低地温值比最低气温值也晚出现 2 h 左右。一天中,地温的变化幅度比较小,特别是夜间的地温变化幅度更小。

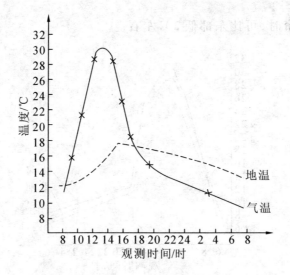

图3-2 温室内地温与气温的日变化

5.地温的季节变化规律

冬季设施内的气温偏低,地温也较低。以日光温室为例,冬季温室内晴天的温度在10~23℃,阴天时低于8℃。春季以后,气温回升,地温也随着升高。

6.地温与气温的关系

设施内的气温与地温表现为"互补"关系,即气温升高时,土壤从空气中吸收热量,地温升高;当气温下降时,土壤向空气中释放热量来保持气温。

7.设施温度的分布特点

由于受设施空间大小、接受太阳辐射量,以及受外界温度影响的程度不同,温度的分布也不相同。

垂直方向上,白天一般由下向上,气温逐渐升高,夜间反之;水平方向上,白天一般南部接受光照较多,地面温度较高。夜间不加温设施内一般中部高于四周,加温设施内温度分布是热源附近高于四周。图3-3是日光温室内不同部位的近地面温度日变化。

从图中可以看出,温室南部白天接受光照多,空间小,因而升温快,夜间由于热容量小及靠近外界,降温也快,昼夜温差较大。北部空间大,白天接受光照少,升温慢,夜间由于墙体、后屋面放热,加上热容量大等原因,降温慢,因此昼夜温差小。中部温度变化介于南北之间。

温室东部上午由于侧墙遮阳,升温较缓慢,10 h后才显著升温,中午开始升温加快,14 h达到最高值,到放草帘时仍比中部高2℃,晚上由于侧墙散热多,温度略低于中部。西部上午升温又快又早,12 h达到最高温度,也比中午高2℃左右,第二天揭草帘时,可比东部低 2℃ 左右。

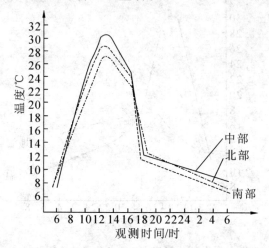

图3-3 日光温室内南北方向各部分的温度日变化规律

二、热平衡原理

温室是一个半封闭系统,它不断地与外界进行能量与物质交换,根据能量守恒原理:蓄积于温室内的热量为进入温室内的热量与散失的热量之差。根据图3-4 可得出温室的热量平衡方程式

$$q_r + q_g = q_f + q_i + q_c + q_v + q_s$$

式中, q_r:人工加热量;

   q_g:太阳热量;

   q_i:潜热失热量;

   q_c:对流热传导失热量(显热部分);

   q_v:通风换气热量(包括显热和潜热两部分);

   q_s:地中传热量。

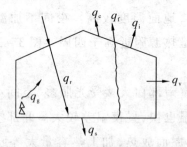

图3-4 温室热量收支模式图

下面讨论温室热支出的各种途径。

1.贯流放热

把透过覆盖材料或维护结构的热量叫做温室表面的贯流传热量。

贯流传热的表达式如下:

$$Q_t = A_w h_t (t_r - t_o)$$

式中，Q_t：贯流传热量，kJ/h；

A_w：温室表面积，m^2；

h_t：热贯流率，$kJ/(m^2 \cdot h \cdot ℃)$；

t_r：温室内气温；

t_o：温室外气温。

h_t：热贯流率与温室内外的对流传热率、辐射传热率、设施建设材料的导热率及厚度有关系。

一般热贯流率与材料的厚度成反比关系（见表3-1）。

表3-1 各种物质的热贯流率[$kJ/(m^2 h ℃)$]

种类	规格/mm	热贯流率	种类	规格/mm	热贯流率
玻璃	2.5	20.92	木条	厚8	3.77
玻璃	3~3.5	20.08	砖墙（面抹灰）	厚38	5.77
聚氯乙烯	单层	23.01	钢管		47.84~53.97
聚氯乙烯	双层	12.55	土墙	厚50	4.18
聚乙烯	单层	24.29	草苫		12.55
合成树枝	FRP,FRA,MMA	20.92	钢筋混凝土	5	18.41
合成树脂	双层	14.64	钢筋混凝土	10	15.9

随堂练习：已知某棚室采用聚氯乙烯单层膜覆盖，长约100 m，宽8 m，某时室内温度30℃，室外15℃，求此时该棚室的贯流放热的近似值。（$h_t = 23.01$）

解：$Q_t = A_w h_t (t_r - t_o) = 100 \times 8 \times 23.01(30 \sim 15) = 276\ 120$ kJ/h

2.缝隙放热

温室内自然通风或强制通风，建筑材料的裂缝，覆盖物的破损，门窗缝隙等，都会导致室内的热量流失。温室内通风换气失热量：包括显热失热和潜热失热两部分，显热失热量的表达式如下：

$$Q_v = RVF(t_r - t_o)$$

式中，Q_v：整个设施单位时间的换气失热量，kJ/h；

R：每小时换气次数（见表3-2）；

F：空气比热，$F = 1.3\ kJ/(m^2 \cdot h \cdot ℃)$；

V：设施的体积（m^3）；

t_r：温室内气温；

t_o：温室外气温。

随堂练习：已知某单层玻璃覆盖的温室，长约100 m，宽8 m，高5 m，某时室内温度35℃，室外17℃，求此时该温室的显热失热量的近似值。

解：$Q_v = RVF(t_r - t_o)$

$\qquad = 1.5 \times 100 \times 8 \times 5 \times 1.3 \times (35 - 17)$

$\qquad = 140\ 400\ \text{kJ/h}$

表3-2　每小时换气次数（温室密闭式）

保护地类型	覆盖形式	R（次/h）
玻璃温室	单层	1.5
玻璃温室	双层	1
塑料大棚	单层	2
塑料大棚	双层	1.1

3．地中传热

地中传导失热包括土壤上下层之间的传热和土壤横向传热。除与土壤质地、成分等有关外，还与土壤温度、深度、湿度有关，随土壤湿度增大而增大。

综上所述，不加温的日光温室内热收支平衡，夜间室内空气的热量来源是地中传热，热量失散主要是贯流放热和换气放热。据测定，不加温温室通过贯流放热占总耗热量的75%~80%，缝隙放热占总耗热量的5%~6%，土壤横向热传导占总耗热量的13%~15%。

 思考与交流

1．设施温度特征有哪些？

2．设施热平衡原理及主要组成部分是什么？

3．温室热支出的各种途径有哪些？

任务二　园艺作物与温度的关系

一、蔬菜与温度的关系

蔬菜对温度的基本要求包括气温、地温、昼温和夜温。气温和地温对蔬菜植株地下部分和地上部分生长发育及其相互关系产生影响,而昼温和夜温对昼夜不同时段蔬菜植株生长发育和物质积累及其相互关系产生影响。因此,气温和地温、昼温和夜温在蔬菜作物生长发育中均具有十分重要的作用。

(一)蔬菜对气温的基本要求

1. 不同蔬菜种类对气温的基本要求:

蔬菜种类、品种和生育阶段不同,其生长发育需要的适宜温度也不同。根据蔬菜对温度的要求可分为以下几类。

1)耐寒性多年生宿根蔬菜。能耐 -20 ~ -30℃低温,冬季地上部茎叶枯死,地下部根不死,第二年春天温度达到5℃可解冻后重新发芽生长。如金针菜、芦笋、韭菜等。

2)耐寒性蔬菜。能长时间耐 -1 ~ -2℃的温度,能短时间耐 -10 ~ -12℃低温,最适宜生长温度 12 ~ 18℃。适合温室冬春季节栽种。如葱、蒜、菠菜、油菜、香菜等。

3)半耐寒性蔬菜。能短时间耐 -1 ~ -2℃的温度,最适生长温度 17 ~ 20℃。适合温室和大棚早春和晚秋栽种。如萝卜、胡萝卜、蚕豆、芹菜、莴苣、大白菜、花椰菜、甘蓝等。

4)喜温性蔬菜。不耐轻霜,0℃会冻死,最适生长温度 20 ~ 30℃,10 ~ 15℃授粉不良,40℃以上停止生长。设施栽培注意防止低温冻害。如番茄、茄子、辣椒、黄瓜、豆角等。

5)耐热性蔬菜。最适生长温度 25 ~ 35℃,15℃以下授粉不良,10℃以下停止生长,0 ~ 1℃会冻死。设施栽培适宜季节 5 ~ 9 月,早春和晚秋栽培要注意保温。如西瓜、甜瓜、南瓜、豇豆、刀豆等。

2. 不同蔬菜生长阶段的适宜温度范围

不同蔬菜种类各个生育阶段的适宜气温三基点(最高、最适、最低温度)不同,甚至品种之间也会有较大差异,这是抗寒及耐热育种的理论基础。因此,上述对各类蔬菜适宜温度范围的概括只能是一般概念,尚不能说明每种蔬菜在整个生育过程对温度的最适要求,更不能说明每个品种每个生育阶段生长发育的最适要求。

(二)蔬菜对地温的要求

作物生长要求一定的地温。地温直接影响种子的发芽、根系的形成和生长以及根系对养分和水分的吸收,进而影响蔬菜作物的生育和产量。地温低于或超过植物生长所能忍受的最低或最高极限时,植物的生长发育就要受到抑制或阻碍,严重时导致死亡。一些蔬菜可以忍受短时间低于最低温度界限的气温,但难以忍受低于最低温度界限的地温,这说明蔬菜生长发育对地温稳定性的要求高于气温。

1. 地温对蔬菜种子发芽的影响

地温可直接影响蔬菜种子的发芽。种子的萌发是由一系列酶催化的生化反应,除了受到氧气、水分两个重要条件的影响之外,温度是很关键的。种子的萌发有三基点温度。

在最低温度下,种子能萌发,但是所需要的时间长,发芽不整齐,容易产生沤种或烂种;在最适温度下,种子发芽时间短,发芽率高;高于最适温度,虽然萌发较快,但是发芽势降低;低于最低温度或高于最高温度时,种子发芽困难。不同蔬菜种子的发芽温度不尽相同,一般喜温蔬菜要求萌发的三基点温度高,而耐寒性蔬菜要求的三基点温度较低。设施内栽培的大多数蔬菜都要进行育苗,育苗时要保证地温适宜才能迅速发芽,并保证其发芽率。

2. 蔬菜对地温的基本要求

地温可直接影响蔬菜根系的形成和生长,进而影响蔬菜根系对养分、水分的吸收以及根系代谢,最终影响蔬菜生长发育。地温与气温在一定范围内具有互补性。各种蔬菜对地温的基本要求同对气温的基本要求类似,也存在着不同蔬菜种类各生育阶段的地温三基本点(最高、最适、最低温度)不同,甚至品种之间也有较大差异。

(三)蔬菜的适宜温周期

作物生长发育对温度昼夜周期性变化的反应称为温周期,简单地说就是作物生长发育对昼夜温差的反应。不同作物和同一作物不同品种所要求的适宜温周期不同。一般果菜类蔬菜昼夜温差以 $5 \sim 10℃$ 为宜,结球叶菜类、根菜类和鳞茎类蔬菜昼夜温差以 $8 \sim 15℃$ 为宜,绿叶菜类蔬菜昼夜温差以 $5 \sim 8℃$ 为宜。昼夜温差过小蔬菜营养物质积累较少,不仅生物产量减少,而且产品器官的形成与发育也受到影响,经济产量降低;昼夜温差过大,特别是适宜昼温条件下昼夜温差过大,蔬菜营养物质积累较多,尤其是叶片中营养物质积累增多,营养生长与生殖生长不平衡,叶片由于过多淀粉积累而过早衰老,从而引起植株生长速度减慢,经济产量降低。

(四)蔬菜的春化作用

蔬菜的春化作用是指一些蔬菜作物经过一定时间的低温作用后开花结实的现象。在蔬菜作物中,白菜类、根菜类、葱蒜类和大部分绿叶菜类等二年生蔬菜需要通过春化作用才能开花结实。也就是说,这类蔬菜作物不通过一定的低温,植株不能开花结实。但蔬菜的这种春化作用不仅依蔬菜的种类不同而异,而且不同蔬菜品种和不同生育阶段对春化作用的感应也不同。蔬菜感受低温春化作用的这种差异对生产具有重要意义。近几年来在一些蔬菜种类中选育出的耐低温春化品种,在逆境环境下的设施蔬菜生产中收效显著。

依据蔬菜感受春化作用的生育阶段不同,可将蔬菜分为种子春化型和绿体春化型两类。种子春化型是指种子吸胀后开始萌动时遇低温通过春化的现象。一些种子春化型蔬菜,在植株长至一定大小时也能通过春化。绿体春化型是指蔬菜植株长至一定大小后遇低温才能通过春化的现象。

种子春化型蔬菜主要有白菜、芥菜、萝卜、菠菜、茼蒿、菜心、菜薹等。这类蔬菜的春化温度一般为0~10℃,春花时间为10~30d。但春化温度和春化时间依蔬菜种类和品种不同而异。白菜类以0~8℃条件下20d为宜;萝卜以5℃条件下9d为宜;菜心、菜薹等0~8℃条件下5d即可。

绿体春化型蔬菜主要有甘蓝、洋葱、芹菜、大蒜等。这类蔬菜的春化温度一般为1~10℃,春化时间为20~30d。同样绿体春化型的春化温度和春化时间也是依蔬菜种类和品种的不同而异。甘蓝和洋葱在0~10℃条件下需20~30d或更长时间;芹菜在8℃条件下需28d左右。应特别注意的是,绿体春化型蔬菜需要完整植株长至一定大小才能对低温有反应,植株不完整或植株大小不适宜,其春化效果不良。

蔬菜采种栽培需要通过春化才能获得高产种子;蔬菜生产栽培需要抑制通过春化才能获得优质高产。设施蔬菜栽培中,更多的是抑制蔬菜通过春化作用,如甘蓝、洋葱、芹菜等栽培时应特别注意避免通过春化作用,这样才能获得优质高产。

二、花卉与温度的关系

花卉在生长发育的过程中,温度的高低与适宜,直接影响到花卉的生理活动,如酶的活性、光合作用、呼吸作用、蒸腾作用等。

(一)花卉对温度的要求

花卉对温度的"三基点"是指:最高温度28~35℃,是花卉生长发育的最高顶点温度;最低温度10~15℃,低于这个温度,花卉不能生长;最适温度18~28℃,是花卉生长发育的最适宜的温度范围。由于原产地气候不同,花卉的"三基点"温度有差异,原产热带和亚热带的花卉三基点温度偏高,原产寒带的花卉三基点温度偏低。根据原产地的生理现象,可将花卉分为三大类,使异地栽培采取适当栽培措施。

1. 热带花卉

这一类花卉原产于南方热带地区,不能适应10℃以下的低温,在海南、岭南、闽南等地可作为露地栽培,在北方必须在温室保护地栽培,在10℃就有冻伤害现象发生,如珊瑚兰、石斛、花烛、马拉巴粟、凤梨类花卉、喜林芋类观叶植物、竹芋类观叶植物等。

2. 亚热带花卉

这一类花卉耐寒性较差,不能适应5℃左右的低温,露地栽培遇霜后会枯死,它们是原产于广东、广西、福建、云南等地亚热带花卉。如一串红、百日草、凤仙花、紫茉莉、矮牵牛、中国兰花、桂花等。

3. 温带花卉

这一类花卉原产于华东地区、华中地区长江流域,能适应0℃左右的低温,冬季需稍加保护就能安全越冬。如美女樱、福禄考、紫罗兰、石竹、金鱼草、蜀葵、杜鹃、山茶、木槿、金钟花、连翘、黄刺玫、迎春等。

4. 寒带花卉

这一类花卉能适应0℃以下的低温,能够在露地自然越冬。它们是原产于寒带和温带以北的花卉。如三色堇、桂竹香、雏菊、羽衣甘蓝、鸢尾、玉簪、荷兰菊、菊花、郁金香、风信子、碧桃、腊梅、小叶黄杨、北海道黄杨等。

(二)花卉的生长发育对温度的要求

1. 生长发育温度

花卉从种子萌发到种子成熟,对温度的要求是随着生长阶段或发育阶段的变化而改变,如一年生花卉的种子发芽要求较高的温度(25℃),幼苗期要求温度偏低(18~20℃),由生长阶段转入发育阶段对温度要求又逐渐增高(22~26℃)。

同一植物在不同物候期,对温度的"三基点"要求也不同,如休眠期对温度要求偏低,生长期则偏高。生长期的各个阶段对温度要求也不同,如先花后叶的梅花、牡丹,花芽萌发的温度偏低,叶芽萌发的温度偏高。

植物的光合作用时的温度比呼吸作用时要低,一般花卉的光合作用在高于30℃时,酶的活性受阻,而呼吸作用在10~30℃之间每递增10℃,强度加倍。因此在高温条件下不利于植物营养积累。酷暑盛夏,除高温花卉之外应采取降温措施,一般植物夜间比白天生长快。

2. 花芽分化对温度的要求

花卉在发育的某一时期,需经低温后,才能促进花芽分化形成,这种现象称为春化作用。春化作用是花芽分化的前提,不同的植物对通过春化温度、时间有差异。如秋播的二年生花卉所需0~10℃低温才能通过春化,而春播的一年生花卉则需要较高温度才能通过春化。花卉通过春化阶段,在适宜的温度下才能分化花芽。

(1)高温分化花芽

春花类花卉在6~8月间25℃以上时进行花芽分化,花芽形成后,经过冬季的低温过程,才能在春季开花。否则花芽分化会受到阻碍影响开花。如梅花、桃花、樱花、海棠花、杜鹃、山茶等。

球根花卉在夏季高温生长期进行花芽分化,如唐菖蒲、晚香玉、美人蕉等。有些球根花卉则在夏季休眠期花芽分化,如郁金香花芽形成最适温度为20℃;水仙则需13~14℃,杜鹃需19~23℃。在某些地区高温时期的花芽分化是阻碍开花、植株退化的主要原因。

(2)低温分化花芽

原产温带和寒温带地区的花卉,在春秋季花芽分化时要求温度偏低,如三色堇、雏菊、天人菊、矢车菊等。有部分亚热带花卉或热带花卉在花芽分化期需要的温度偏低,如蝴蝶兰生长适温18~28℃,则花芽分化时温度要低于18℃,否则不能正常开花。大花蕙兰、墨兰系列花芽分化期温度也要偏低于生长温度,需要有10℃的昼夜温差。

(3)积温分化花芽

花卉的生长发育,不仅需要热量水平,还需要热量的积累。这种热量积累常以积温来表示。花卉特别是感温性较强的花卉在各个生育阶段所要求的积温是比较稳定的。如月季从现蕾到开花所需积温为300~500℃,而杜鹃由现蕾到开花则为600~750℃。了解感温花卉的温度条件和它们在生育过程中或某一发育阶段所要求的积温,对于促成栽培与抑制栽培都很有意义。

(三)花卉对温度周期变化的适应

1.温度的年周期变化

我国大部分地区春、夏、秋、冬四季分明,一般春、秋季气温为10~22℃,夏季平均气温为25℃,冬季平均气温为0~10℃。对于原产温带和高纬度地区的花卉,一般均表现为春季发芽,夏季生长旺盛,秋季生长缓慢,冬季进入休眠。

由于温度年周期节奏变化,有些花卉在一年中有多次生长的现象,如代代、佛手、桂花、海棠等。在秋季生长的树梢,常由于面临严冬,枝条不充实,不利于分化花芽,应予以控制。

春化现象也是花卉对温周期的适应。牡丹、芍药的种子如进行春播,则不能接触上胚轴的休眠;丁香、碧桃若无冬季的低温,则春季的花芽不能开放;为了使百合、水仙、郁金香在冬季开花,就必须在夏季进行冷藏处理。

2.温度的日周期变化

昼夜温差现象是自然规律,白昼的高温,有利于光合作用,夜间的低温可抑制呼吸作用,降低对光合产物的消耗,有利于营养生长和生殖生长。适当的温差还能延长开花时间,使果实着色鲜艳等。各种花卉对昼夜温差的需要和原产地日变化幅度有关。属于大陆气候、高原气候的花卉,昼夜温差10~15℃较好;属于海洋性气候的花卉,昼夜温差5~10℃较好;原产低纬度的花卉,在昼夜温差很小的情况下,仍可生长发育良好。

花卉发芽、生长、显蕾、开花、结实、果实成熟、落叶、休眠等生长发育阶段,均与当时的温度值密切相关。了解地区气温变化的规律,掌握花卉的物候期,对有计划的安排花事活动非常重要。

■■ **思考与交流**

1.什么是园艺作物的三基点温度?

2.园艺作物对于温度的要求有哪些?

3.温度高低会对园艺作物造成哪些影响?

任务三　设施温度环境的调控技术

与露地相比,设施内光、温、水、气等环境因子中控制手段最完善的是对温度环境的控制。设施内温度调节的主要目的是根据不同作物及同一作物各个生育阶段对温度的要求不同,及时对影响温度变化的各方面设施进行调节,确保温度适宜且分布均匀,避免发生高温或低温危害。设施温度调控措施包括各种保温、增温和降温措施。

一、保温措施

保温原理:保温比是指热阻较大的温室围护结构覆盖面积同地面积之和与热阻较小的温室透光材料覆盖面积的比。保温比越大,说明温室的保温性能越好。适当减低农业设施的高度,缩小夜间保护设施的散热面积;减少贯流放热;减少覆盖面的漏风而引起的换气传热;减少土壤的地中传热;减少覆盖材料自身的热传导散热;减少设施内、外表面向大气的对流传热和辐射传热有利于提高设施内昼夜的气温和地温。具体做法如下:

1)多层覆盖。由于草苫厚度不能太大,加上其保温性有限,冬季严寒地区进行多层覆盖来达到保温目的。也是目前设施农业生产中最有效的保温办法,室外覆盖多采用草苫、纸被、保温被、小拱棚及室内保温幕。

2)减少缝隙——减少换气放热。及时修补破损的棚膜;在门外建造缓冲间,并随手关严房门;通风口和门窗关闭要严实,门的内、外两侧应挂保温帘。

3)设置防寒沟——减少地中传热。减少温室南底角土壤热量散失,通常在设施周围设置宽 30 cm、深 50 cm 的防寒沟,可切断温室内外土壤的联系,减少热量散失,提高地温。

4)全面地膜覆盖、膜下暗灌、滴灌。减少土壤蒸发和作物蒸腾。

5)适宜墙体的厚度和保持墙体的干燥。墙体干燥时墙土间空隙多,土粒连接差,传热慢,保温性好;而墙体潮湿时,由于水的导热系数较高,必然降低墙体保温性能。因此,冬季生产时墙体一定要干燥,首先要在雨季过后尽早打墙,使墙体在入冬前充分干透。其次,墙体厚度适宜,尤其是草泥墙,墙体的内部不易干透。最后,要保护好墙体,防止渗水或被雨雪打湿,可在墙顶覆盖薄膜,雨季墙体外用薄膜遮雨,或在土墙外包一层砖块。

6)加厚屋顶,保持屋顶干燥。屋顶厚度根据各地设施内外温差来确定,如北方冬季严寒地区,屋顶秸秆厚度不能少于 30 cm。另外秸秆上要用塑料棚膜或油毡包裹起来,同时还要在上面抹一层封闭严实的泥层,以加强保温效果。

7)设施四周设置风障。一般用于多风地区,位于设施的北部和西北部设置为宜。

8)保证草苫厚度、覆盖质量及覆盖时间。温室的透明屋顶面表面积大,厚度小,散热多,夜间加盖草苫可减少热量散失,提高夜间室内温度。一般草苫越厚,保温性能越好,但卷放、搬运较费力。适宜的草苫厚度在北方地区以 5 cm 为宜。

覆盖草苫要严实,相邻草苫重叠不小于 10 cm,草苫要顺风叠压,如冬季多刮西北风的地区,西边草苫压东边草苫,以免冷风吹入草苫下;草苫上端压到后屋顶中部,下端盖到温室前地面 50 cm 左右远处,最好盖住防寒沟;草苫被雨、雪、雾打湿,要尽快晾干。

草苫早揭晚盖虽然可以增加室内光照时间,但揭得过早或盖得过晚都不利于保温。正确的揭盖时间要以季节和室内温度的变化来确定。盖草苫等覆盖物后气温应在短时间内回升 2~3℃,然后非常缓慢的下降。若盖后气温没有回升而是一味下降,说明草苫盖晚了;揭开草苫后气温短时间内下降了 1~2℃,然后回升则正常,如果揭开后气温不下降而是立即升高,说明揭晚了。各地在实际生产上还应根据太阳高度来掌握揭草苫时间,一般当早晨阳光洒满整个前屋面时即可揭开,极端寒冷或大风天,要适当早盖晚揭。阴天、雨雪天也要短时间揭开草苫接受散射光。

二、加温措施

太阳光是设施热量的主要来源,增加白天的透光量,提高设施墙体及土壤的蓄热量是设施增温的主要途径。临时加温是减少恶劣天气对作物伤害的有效措施,成为小型设施增温的辅助措施。加温是现代大型园艺设施的基本手段,但投入的设备费和运行费用较大,应用范围不广。

1.加热

我国传统的单屋面温室,大多采用炉灶煤火加温,近年来也有采用锅炉水暖、太阳能加热、热风加热、电热温床等多种加热途径。

1)环保加热:太阳能加热;酿热加温;利用能源加热:电热温床、热风炉、水暖;利用工业的余热。

2)水暖加热:用 60~80℃ 的热水循环加热。预热时间长,在寒冷地区要注意管道的防冻。热稳定性好,室温均匀,余热多,停机后保温性好。

3)热风加热:直接加热空气。预热时间短,升温快,操作简单,便宜。停机后缺乏保温性。

4)电热温床的铺设:电热温床是指在冷床的基础上利用电热线加温,来提高苗床温度,土壤温度可以自动控制,并且可以提高幼苗质量和缩短育苗时间(见图 3-5)。

图 3-5 温室电热温床

电热温床的设计安装,首先应根据需要,计算出所需电热线的总功率和所需购买电热线的根数。

电热线的铺设首先在冷床内铺设厚度为 5 cm 的腐熟马粪或炉灰渣作为隔热层,用脚踩实,在床的两端按计算出的相邻距离插上 10 ~ 15 cm 长的小棍,挂电侧的热线用在温床南侧稍密些,以补充南温度不足,以使温度均匀一致。

电热线的连接方法如果没有控温仪,可在外接导线上设置一开关,土壤中放一支地温计,如果达到所需温度即断电,温度下降后,再接上电源。如果两根以上电热线,一定用并联方式连接。土壤电热线与控温仪连接可实现对温度的自动控制。

电热温床的铺设接线注意事项:严禁成卷电热线在空气中通电试验或使用。布线时不得交叉、重叠或扎结。电热线不得接长或剪短使用。所有电热线的使用电压都是220 V,多根线之间只能并联,不能串联。使用地热线时应把整根线(包括接头)全部均匀埋入土中,不能暴露于空气中,线的两头应放在苗床的同侧。收地热线时不要硬拔,以免损坏绝缘层。

例题:在 1 m 宽、5.5 m 长的畦子上铺总功率 800 W、100 m 长的电热线,如何铺设?

解:(1)铺一个畦子。

功率密度 = 8 00 W/5.5 m^2 ≈ 145   单位:W/m^3

铺设电热线的条数 = (100 - 畦子宽) ÷ 畦子长 = 18

两条地热线的距离 = 畦子宽/条数 = 1/18 ≈ 5 cm

(2)铺两个畦子:

两个畦子的面积是 11 m^2,一个 800 W 的地热线铺两个畦子,那么每平方米是将近80 W。

铺设电热线的条数 = (100 - 2 × 畦子宽) ÷ 畦子长 ≈ 16

(注意:这个数必须是双数,如果是单数要减去 1)。

两条地热线的距离 = 1/16 ≈ 6 cm。

2. 采用复合墙体、屋顶

内侧用蓄热能力强的材料,外侧用隔热性能好、导热率低的材料,增加白天蓄热量,夜间放热增温,同时又可减少热量散失。

3. 增大保温比

保温比是指设施内的土地面积与覆盖及围护表面积之比。保温比最大值为1,设施的保温比值越大,覆盖及围护的表面积越小,通过设施表面积进行热交换的辐射量越少,设施内保温性能越强。适当降低园艺设施高度,缩小夜间保护设施的散热面积,有利于提高设施内夜间的气温和地温。

4. 增加白天的透光量

采用光照调节增加室内的自然光照的措施,不仅使设施内光照条件得到改善,还能提高室内的温度,如用无滴膜覆盖的温室其最高温度可比覆盖有滴膜的温室高 4~5℃,地面最高温度可提高 2℃左右。

5. 提高地温

白天土壤吸热量加大,即使地温提高后,夜间地面散放到温室中的热量增多,利于温室增温。具体措施有

1)高温烤地:晴天上午日出后,封闭温室使气温迅速提高,超过 28℃时放风降温,中午前后保持在 32℃左右,下午温度降到 28℃关闭风口。定植前多采用此法,通过提高气温间接地提高地温。

2)高畦或高垄覆膜栽培:高畦及高垄表面积大,白天受光多,升温较快,一般高畦或高垄 15 cm 高。配合地膜栽培能明显提高地温及温室的气温。据测定,覆盖地膜后能使10 cm 平均地温提高 2~3℃,地面最低气温提高 1℃。另外,由于地膜透气性差,保温性好,可减少浇水次数,从而间接提高地温。冬季地膜要注意不能盖严地面,否则地膜阻挡土壤夜间散热,影响夜间温室室内增温。一般裸地面不少于总地面的 1/4。

3)科学浇水:冬季做到晴天浇水,阴天不浇;午前浇水,午后不浇;浇小水或温水,不浇大水或冷水;浇暗水,不浇明水,即地下膜浇水法。浇水后还要闭棚烤地,温度上升后再放风排湿,还要注意久阴骤晴不浇水,而采取叶面喷洒的方法补充作物体内的水分。

4)地面喷洒增温剂:每洒一次,可使地面温度提高 2~4℃。

5)增施有机肥:尤其是马粪等热性肥料,利于地温的提高。

三、降温措施

园艺设施内的降温最简单、最有效的方法是通风,通过开启通风口,散放出去空气,让外部的冷空气进入设施内,使温度下降,这种方法是日光温室及拱棚降温的主要途径。但在温度过高或大型设施,依靠自然通风不能满足作物生育的要求时,必须进行人工或机械降温,减小进入设施内的太阳辐射能,增大温室的潜热消耗。

1. 通风换气

通过开启设施不同部位的通风口,散放出去热空气,同时外界的冷空气进入室内,使温度下降。在通风时需注意以下两点:

1)要根据设施温度的变化情况及时调节通风口的开关及大小,避免温度变化剧烈,或温度居高不下、居低不上。一般上午当温度升到冬季 28℃或者春秋季节 25℃时,对一般喜温性蔬菜开始,通风口大小以开启后温度不下降而缓慢上升为标准。随着光照的增加,温度进一步升高,通风口逐渐加大。中午前后的最高温度不能超过 32℃,下午温度

降到 25~28℃时开始逐渐关闭通风口,以温度不超过 32℃为宜,当温度下降到 20℃时关严通风口。

2)在几种通风方式的运用上:正确的顺序是先开顶部通风口,当温度还升高时,再开启前屋面通风、后墙通风。关闭通风口时与开启时顺序相反,先关后墙通风口,再关前部通风口,最后关顶部通风口。

2. 遮光

减少进入园艺设施内的热量。遮光 20%~30%时,室温可相应降低 4~6℃。在与设施顶部相距 40 cm 左右处张挂遮光幕,降温效果显著。另外也可在采光表面涂白,降低光照,从而降低温度。

3. 增大潜热消耗(大量灌水之后通风排湿)

湿帘风机降温系统:该系统由湿帘、风机、循环水路与控制装置组成(见图 3-6)。湿帘的材料:棕丝、多孔混凝土板、塑料板、树脂等。水泵应比风机提前几分钟停止,使湿帘蒸发变干,防治湿帘上生长水苔。

图 3-6 湿帘风机降温系统

4. 屋面流水降温法

流水层可吸收投射到屋面的太阳辐射 8%左右,并能吸热冷却屋面,室内温度可降低 3~4℃。采用此法时需要考虑安装费和清除采光面的水垢污染问题。

 思考与交流

1. 设施的增温措施有哪些?

2. 设施的保温措施有哪些?

3. 设施的降温措施有哪些,同时需要注意哪些事项?

项目四

设施水环境及其调控

【任务描述】

能阐述湿度环境对设施作物生长的影响；能进行设施空气湿度环境的调控；能根据设施蔬菜、花卉需水特点进行水分管理；掌握设施主要灌溉技术，并进行水环境调控。

【能力目标】

1. 能阐述影响水环境的因素；

2. 花卉、蔬菜对水环境的要求；

3. 能通过水环境调控与栽培管理技术措施，使园艺作物与设施的湿度环境达到要求；

4. 熟悉节水灌溉技术——滴灌技术。

【任务分析】

每4、5人为一个学习组，由一人负责，统筹安排查阅资料并整理，学习组一起讨论，围绕影响水环境的因素和调控措施制作汇报材料，期间提出存在的疑问，教师引导答疑。

【工作过程】

1. 资料查阅

学习组成员根据给定的工作任务在图书馆、互联网上搜索相关概念及设施水环境调控措施并整理。

2. 资料汇总，制作汇报材料

（1）将所搜集的材料按照类别进行汇总；

（2）指导学生进行当地设施水环境的调控措施和滴灌节水技术的应用，制作完成汇报材料。

3. 汇报，交流

组织各组进行汇报、提问、交流。

【理论提升】

温室作物的一切生命活动如光合作用、呼吸作用及蒸腾作用等均在水的参与下完成各项生理生化活动。同时湿度与病原微生物的繁殖密切相关,病原菌孢子的形成、传播、发芽、侵染等个阶段,多需要90%以上较高的相对湿度,因此在持续的高湿环境下植物易发生各种病害。空气湿度和土壤湿度共同构成设施作物的水分环境,影响设施作物的生长发育。

任务一　设施湿度环境特点

设施内部的湿度环境,包括空气湿度和土壤湿度两个方面。水被喻为是农业的命脉,它是植物体的主要组成部分。一般园艺作物的含水量高达80%～95%,同时水分参与植物体内的各种生理活动。

一、空气湿度特点

1)高湿,农业设施湿度环境的突出特点。特别是设施内夜间随着气温的下降相对湿度逐渐增大,往往能达到100%。空气相对湿度的日变化大,白天低夜晚高。午夜至早晨日出前,大棚内相对湿度往往高达100%,中午也常常高达70%～80%,通风时可降到50%～60%。季节变化:早春、晚秋最高,夏季较低;阴天湿度大于晴天。空气湿度依园艺设施的大小而变化。大型设施空气湿度及其日变化小,但局部湿差大。设施内的空气湿度是由土壤水分的蒸发和植物体内水分的蒸腾形成的。

结露,由于设施内部温度差异的存在,其相对湿度分布差异非常大,因此在冷的地方就会出现冷凝水。冷凝水的出现与积聚,会使设施作物的表面结露。晴朗的夜晚,温室的屋顶会散发大量的热量,这会导致高秆作物顶端结露。植物的果实和花芽在日出前后,容易结露。

濡湿(沾湿)现象:作物沾湿是由于从屋面或保温幕落下的水滴、作物表面的结露、根压使作物体内的水分从叶片水孔排出"溢液"(吐水现象)、雾等4种原因造成的。

2)存在季节变化和日变化。季节变化一般是低温季节相对湿度较高,高温季节相对湿度低。因此,日光温室和大棚在春冬季节生产,作物多处于高湿环境,对其生长发育不利。昼夜变化为夜晚湿度高,白天湿度低,白天的中午前后湿度最低。设施越小,这种变化越明显。

3)设施内的空气湿度随天气情况发生变化。一般晴天空气相对湿度较低,约为70%～80%,阴天,特别是雨天设施内湿度较高,约为80%～90%,甚至100%。

4)湿度分布不均匀。由于设施内温度分布不均匀,导致相对湿度分布也不均匀。一般情况下,温度较低的部位,相对湿度高,反之则低。

二、土壤湿度的特点

1）土壤湿度比露地稳定。

2）水分蒸发和蒸腾量很少，土壤湿度较大。

3）土壤水分是向上运动的。

4）土壤湿度存在着一定的湿差。通常设施的四周或加温设备附近的土壤湿度小，中间部分土壤湿度大。

三、设施内水分收支

设施内由于降水被阻截，空气交换受到抑制，设施内水分收支与露地不同，其收支关系可用下式表示：

$$Ir + G + C = ET$$

式中，ET：蒸散量（土壤蒸发与作物蒸腾）；Ir：灌水量；G：地下水补给量；C：凝结水量。

思考与交流

1. 什么是结露和沾湿现象？

2. 设施水环境的特点包含哪些？

任务二 园艺作物和湿度的关系

一、蔬菜与湿度的关系

水是蔬菜植物体内的主要成分之一，对大多数蔬菜来说，鲜重的 80% ~ 90% 甚至 95% 是水分，这些水大部分存在于细胞中，为许多生物化学反应提供合适的介质。然而，一株植物在其生长发育的全过程中吸收的水分，只有不到 5% 用于其生理生化过程及细胞的扩展过程，大部分水分通过蒸腾而损失掉。

影响蒸腾最重要的环境因素之一是环境中的空气湿度，或说是空气的水汽压饱和差（Vapor Pressure Deficit , VDP）。因此，空气湿度通过影响蒸腾，间接影响作物水分吸收和养分吸收，影响植株体内代谢；通过影响叶片气孔导度，影响 CO_2 的同化，从而影响作物的生长发育和作物的产量。

（一）湿度环境与蔬菜生长发育

空气湿度与作物生长的关系相当复杂。不同蔬菜种类或同一蔬菜不同品种对空气湿度的要求不同。Bakker（1991）通过对温室作物番茄、黄瓜、青椒、茄子等的湿度试验，认为长期暴露在较高湿度下（相当于 20℃ 时合适的相对湿度为 87%），黄瓜叶片发生率提高，叶面积显著增加；番茄叶片的发生率也提高，但由于蒸腾下降，叶片扩展受到影响，最终使叶面积降低。Bakker（1991）对其试验的综合分析认为，20℃ 时相对湿度在

58%~87%范围内,较高的湿度可以改善作物体内水分平衡,有利于叶片扩展。

空气湿度的高低也影响蔬菜的花芽分化、果实发育等过程。20℃时相对湿度在62%~87%范围内,Picken(1984)认为湿度对番茄授粉的影响不大。同时,茄果类蔬菜果实的形状、果实内的心室数、果皮厚度、干物质含量、果实成熟早晚与VDP的关系不太显著(Bakker,1991)。

生产中夏季温室番茄坐果率低主要与空气湿度低并伴随高温有关。空气相对湿度太低会影响花粉的生活力和花丝的生长,并使雌蕊的花柱和柱头干枯,不能受精,或者由于干燥加大了蒸腾量,致使花的离层细胞壁遭受破坏,番茄落花增加。

(二)湿度环境与蔬菜光合作用

多数蔬菜作物光合作用的适宜空气相对湿度为60%~85%(张福墁,2000)或者VPD 0.2~1.0 kPa(Bakker,1991)。在这个范围内,空气相对湿度增加作物叶片的气孔导度增加,从而促进作物光合作用。在25℃条件下,80%~85%空气相对湿度要比60%空气相对湿度下所栽培黄瓜的光合量提高10%~15%(安志信等,2005)。通常VPD 0.3~0.9 kPa范围内,白天或晚上空气相对湿度变化所造成的作物叶片或整株光合作用的差异在3%~10%,由此预测引起作物产量变化在3%左右(Bakker等,1995)。

(三)湿度环境与蔬菜光合物质分配

VDP在0.3~0.9 kPa范围内,空气相对湿度对温室果菜植株叶、茎、果间的干物质分配无显著影响,叶、茎、果的干物质含量也未受空气相对湿度的显著影响(Bakker,1991)。通常蔬菜作物干物质分配受空气的影响或调节。在短期的极端空气相对湿度条件下,空气相对湿度主要是通过影响授粉和种子发育,从而影响作物干物质分配;抑或是空气相对湿度通过影响作物坐果而间接影响干物质分配。

在适宜的范围内,较高的空气相对湿度可改善光合作用,促进植株营养生长,但不一定有利于产量提高,因为不是所有的生产过程对空气相对湿度的反应都是一样的。同时,不同蔬菜作物种类或同一种的不同品种对空气相对湿度的反应也是不同的。

(四)湿度环境与蔬菜生理障碍

在极端的高湿度下,有可能对蔬菜作物产生一些潜在的负面影响,其中包括高湿度导致蔬菜热害、高湿度导致蔬菜叶片释放有害气体、高湿度导致蔬菜缺素症、高湿度导致蔬菜产品生理障碍。

在空气湿度过低的情况下,也会造成蔬菜的一些生理障碍。大棚春茬黄瓜定植成活后,如果连续5~7 d中午相对湿度降到60%以下,则幼苗生长缓慢,叶片暗绿。

空气相对湿度和温度的剧烈变化,会导致番茄果实内的维管束褐变。对于叶菜类蔬菜(如莴苣等),如果空气相对湿度变化剧烈,引起不规则的植株蒸腾或蒸腾的突然变化,会破坏体内水分吸收和蒸腾之间的平衡,导致植株内水分含量的较大变化,从而引起细胞壁的畸形,引起叶片灼烧、破裂或茎裂等现象的发生(Bakker 等,1995)。

(五)湿度环境与蔬菜病虫害

高湿有利于病原微生物的繁殖。温室内的湿度条件是引起病害发生的重要原因。几种主要蔬菜作物病虫害发生与湿度的关系见表4-1。

表4-1　几种主要蔬菜作物病虫害与湿度的关系

蔬菜种类	病虫害种类	要求相对湿度/%
黄瓜	炭疽病、疫病、细菌性病	>95
	枯萎病、灰霉病	>90
	霜霉病	>85
	白粉病	25~85
	花叶病	干燥
	瓜蚜	干燥
番茄	软腐病	>95
	炭疽病、灰霉病	>90
	晚疫病	>85
	早疫病	>60
	枯萎病	土壤潮湿
	花叶病、蕨叶病	干燥
茄子	褐纹病	>80
	黄萎病、枯萎病	土壤潮湿
	红蜘蛛	干燥
辣椒	炭疽病、疫病	>95
	细菌性疮痂病	>95
	病毒病	干燥

(六)蔬菜栽培适宜湿度环境

不同的蔬菜作物对空气相对湿度的要求不同,同一蔬菜作物的不同品种以及同一品种的不同生育期对空气相对湿度的要求也不同。例如,西瓜的不同品种,宝冠的单叶光合速率适宜空气相对湿度为50%~70%,新金兰则要求更低的空气相对湿度(陈年来等,2006)。

二、花卉与湿度的关系

水分是植物的组成部分,也是植物生理活动的必备条件。植物的光合作用、呼吸作用、矿物质营养吸收及运转,都必须有水分的参与才能完成。不同的环境,也造就了不同的植物类群,它们的生理现象已经适应当地的水分环境,旱生花卉植物和水生花卉植物已经分别从器官方面发生变化来适应生存环境,长期以来,形成了自身的适应稳定性。目前,南北方交流异地栽培的花卉种类比较多,我们要了解它们的生理对水分的要求,在栽培中给予适应的水分条件,才能达到正常生长、发育和开花的目的。

(一)不同原产地的花卉对水分的需求

不同原产地的花卉植物,它们的生理现象已经适应旱地、湿地、山区、平原当地的环境,在生长发育过程中对水分的需求不同,形成不同类型花卉。在栽培中有的花卉需浇水量多,有的花卉需浇水量少,可将花卉分为以下四种类型,在栽培中掌握浇水量。

1. 旱生花卉

这一类花卉原产于干旱或沙漠地区,耐旱能力强,在长期发育过程中已从生理方面形成固有的耐旱特性。植物茎变肥厚储存水分和营养,叶片变小为针刺状或叶片表皮角质层加厚呈革质状减少水分蒸发。植物细胞浓度大,渗透压大,减少水分的蒸腾,生长速度慢。同时,地下根系发达,吸收水分能力强。例如仙人掌科、景天科、番杏科植物等。在栽培过程中掌握土壤水分20%~30%,浇水量少,空气相对湿度20%~30%,偏干燥。

2. 中生花卉

这一类花卉原产温带地区,既能适应干旱环境也能适应多湿环境。根系发达吸收水分能力强,适应于干旱环境,叶片薄而伸展适应于多湿环境。如月季、菊花、唐菖蒲、非洲菊、郁金香、山茶、牡丹、芍药等。在栽培过程中掌握土壤水分50%~60%,浇水量略少,空气相对湿度70%~80%,空气湿度可偏高些。

3. 湿生花卉

这一类花卉原产热带或亚热带地区,喜欢土壤疏松和空气多湿的环境。根系少而无主根,须根多,水平状伸展,地上附生气生根。地下根系吸收水分少,地上叶片蒸发少,通过多湿环境补充植株水分,保持体内平衡。例如杜鹃、兰花、桂花、栀子花、茉莉、马蹄莲、竹芋等。在栽培过程中掌握土壤水分60%~70%,浇水量略多,空气相对湿度为80%~90%,空气湿度高。

4. 水生花卉

这一类花卉长年生长在水中或沼泽地上。植物体内已经形成发达的通气器官组织,通过叶柄或叶片直接呼吸氧气,须根吸收水分和营养。它们无主根而且须根短小,必须依附水中或者在沼泽地中生存。如荷花的横生茎(藕),内有多条通气道直接连接叶柄,通过生出水面的叶片来进行气体交换完成呼吸作用。常见的花卉有睡莲、千屈菜、慈姑、凤眼莲等。

（二）花卉的不同时期对水分的需求

各类花卉在栽培过程中对水分有不同的要求,同一花卉在不同的生长发育时期,对水分的要求也不同。

种子发芽浸种,需足够的水分。种子萌发后在苗期需控水,这种现象称为"蹲苗",有利于根系的生长。营养生长旺盛期需水量最多,增加细胞的分裂和细胞的伸长以及各个组织器官形成。生殖生长期需水偏少,控制生长速度和顶端优势,有利于花芽分化。孕蕾期和开花期,需水分偏少,延长观花期。坐果期和种子成熟期,需水偏少,延长挂果观赏期和种子成熟。

栽培中如果空气湿度过大,如超过90%,往往使花卉的枝叶徒长,容易造成落蕾、落花、落果。空气湿度过小,也容易造成"哑花"现象,花蕾的发育期逐渐萎缩,发黄,不能开花。观花花卉一般掌握在75%～85%空气相对湿度,观叶植物则需要较高的空气相对湿度,90%以上能增加枝叶的亮度和色泽。

■ 思考与交流

1. 园艺作物在不同生长时期对水环境有哪些要求?
2. 湿度与作物病害发生的关系?

任务三　设施湿度环境的调控技术

设施内湿度的调控包括对设施内空气水分状况和土壤水分状况进行合理的调节和控制。设施的土壤湿度由灌水量、土壤毛细管上升水量、土壤蒸发量以及作物蒸腾量的大小来决定。土壤湿度的调控应当依据作物种类及生育期的需水量、体内水分状况以及土壤湿度状况而定。一般用 pF 来表示土壤水分的含量,它是由土壤水分张力计测得数据换算得来。pF 与土壤水分含量成反比。作物根系可利用的土壤水分范围在 pF1.5～4.2 之间,其中 pF1.5～2.0 为作物生育最适宜的土壤水分含量,pF3.0－3.3 时土壤水分不足,小于 1.5 时土壤水分过多。

一、空气湿度的调控

主要是降低空气湿度,保持设施内适宜于作物生长发育的湿度环境。

（一）除湿

设施内的空气湿度大,调节湿度的重点是降低湿度。主要措施有:

1. 通风排湿

通风是降低湿度的重要措施,排湿效果最好,因为通风必然要降温,所以必须在高温时进行,隆冬和早春一般应在中午前后进行。其他时间也要在保证温度的前提下,尽量延长通风时间。顶部风口排湿效果最好,外界气温高时,可同时打开顶部和前部两排通风口,便于排湿充分和均匀。

通风排湿的时间除了依据不同作物及不同生育期对空气湿度的要求而定外,还要注意加强下面五个时期的排湿:一是浇水后的 2 ~ 3 d 内;二是叶面追肥和喷药后的 1 ~ 2 d 内;三是阴雨、雪天时的排湿;四是日落前后的几小时内;五是早春。后两个时期加强排湿是为了降低上半夜的相对湿度,减少发病。

2. 减少地面水分蒸发

由于地面水分蒸发是设施内空气湿度增大的主要原因,因此减少地面水分蒸发,对降低设施内空气湿度效果最好。

（1）覆盖地膜

覆盖地膜即可减少由于地表蒸发所导致的空气相对湿度升高。地膜覆盖也能抑制土壤表面水分蒸发,提高室温和空气湿度饱和差,从而降低空气相对湿度。据试验,覆膜前夜间空气湿度高达95% ~ 100%,而覆膜后,则下降到75% ~ 80%。

（2）科学灌水

采用滴灌或地中灌溉,根据作物需要来补充水分,同时灌水应在晴天的上午进行,或采取膜下灌溉等等。

（3）浇水后立即升温烤地

促进地面水分蒸发,降低地面湿度。低温期选晴天上午浇水,然后封闭棚室,维持 35℃1.5 h,然后开风口缓慢降湿,如此连续烤地 2 ~ 3 d。

（4）中耕、松土

浇水后及时中耕垄沟和垄背,切断土壤毛细管,减少表层土壤水分。覆盖地膜的垄沟也要定期中耕。

3. 合理使用农药和叶面肥

设施内尽量采用烟雾剂、粉尘剂取代叶面喷雾。传统的叶面喷雾法,药液中99%以上是水,同时由于每次的喷药量也比较大（一般成株期,每30 kg 药液喷洒的范围为 120 m² 左右）,喷药后会引起设施内生雾,故设施内防治病虫害应尽量采用烟雾剂法或叶面喷粉法,一定要叶面喷雾时,用药量也不要过大,并且选晴暖天的上午喷药,以便喷药后有足够长的时间通风排湿。

4. 减少薄膜、屋顶的聚水量

薄膜表面的水滴多是造成设施内高湿的主要原因之一。可采用覆盖无滴薄膜,二道幕采用透湿和吸湿性良好的无纺布等材料,防止表面结露,并且可防止露水落到植株上,从而降低空气的湿度和作物被沾湿。如采用有滴膜,可向薄膜表面喷涂除滴剂,也可每隔 18～20 d 向薄膜表面喷涂 100～200 倍的豆粉、奶粉、小麦粉等。

屋顶覆盖水泥预制板时常常布满水滴,如果选择作物秸秆覆盖屋顶,能在一定程度上降低空气湿度。

5.强制通风

可由风机功率和通风时间计算出通风量,而且便于控制。采用除湿性热交换器,能防止随通风而产生的室温下降。日本三原(1980 年)试制的热交换器,是用多层塑胶薄膜做成管道,使吸气和排气交叉流动。通过薄膜管道吸气和排气进行热交换,吸气温度升温到与排气温度接近时再导入室内。

6.加温除湿

湿度的控制既要考虑作物的同化作用,又要注意病害发生的临界湿度。保持叶片表面不结露,就可有效控制病害的发生和发展。另外,增加透光量可提高温室室温,室温升高后进行通风换气,也可达到降湿的目的。

(二)加湿

大型园艺设施在进行周年生产时,遇到了高湿、干燥、空气湿度不够的问题,尤其是大型玻璃温室由于缝隙多,此问题更加突出,当栽培要求湿度高的作物,如黄瓜和某些花卉时,还必须加湿以提高空气湿度,其加湿的效果和方式有:

1)喷雾加湿:喷雾器种类很多,如 103 型三相电动喷雾加湿器、空气洗涤器、离心式喷雾器、超声波喷雾器等,可根据设施面积选择。

2)湿帘加湿:主要是用来降温的,同时也可达到增加室内湿度的目的。

3)温室内顶部安装喷雾系统,降温的同时可加湿。

二、土壤湿度的调控

设施内土壤水分偏多或过少均会阻碍作物的正常生长发育。水分长时间偏多容易降低土壤中的含氧量,导致烂根,抑制根系生长,根系分布浅,根群小;低温季节土壤水分多还易降低地温,抑制根系活动及土壤微生物的分解活动,使肥料的利用率降低;幼苗期和发棵期水分过多时,植株容易徒长。土壤水分不足可导致植株萎蔫,强光时期还易发生日烧及卷叶等现象。生产上多用浇水或农业措施等方法调节土壤水分,使其满足作物生长发育的需要。

土壤湿度的调节应当根据作物各生育期需水量、体内水分状况以及土壤湿度状况而定。目前,我国设施栽培土壤湿度的调控主要依靠传统经验,调控技术差异大,随着科学技术的进步,需要采用机械化自动化灌溉设施,依据作物各生育期需水量和水分张力进行土壤湿度调控。

（一）适时灌水

灌水时间的确定主要依据土壤含水量、作物各生育阶段的需水规律，此外还要考虑秧苗生长表现、地温高低、天气阴晴等情况。

一般播种时浇足水，出苗后控水，抑制地上部分徒长，促进根系发育；定植时浇足水，发棵期适当控水，结合中耕蹲苗，果菜类开花结果期也要供应充足的水分。具体到各种作物应灵活安排。

秧苗的生长情况可反映出土壤是否缺水，如看韭菜的叶片吐水，如果吐水严重，水滴不断滚落，则表明土壤水分过多；水滴大但不落下，表明土壤水分合适；如果没有吐水或水滴小，则表明土壤缺水。

地温高时浇水，水分蒸发快，作物吸收多，一般不会导致土壤过湿。10 cm处地温在20℃以上浇水合适；地温低于15℃时要慎重浇水，必要时浇小水，并浇温水；地温在10℃下禁止浇水。

冬季浇水最好选择晴天上午浇水，因为晴天地温、气温较高，浇水后可闷棚提温，不致降低地温太多。但久阴骤晴时地温低，不宜浇水，如缺水可进行叶面喷洒。阴天、下午最好不要浇水。

（二）适量灌水

设施内浇水除了要满足作物的生长需水外，还要考虑浇水后空气湿度的增加幅度要小。另外，设施相对密闭，土壤水分消耗较慢，因此浇水量要比露地小。灌溉量应根据设施内栽培作物生理需要和土壤湿度而定。灌水量与作物种类、气象条件、土壤状况等有关。

（三）灌水技术

1. 设施灌水的一般要求

为有效控制设施内的水分环境，设施内采用灌溉技术必须满足以下要求：根据作物需水要求，遵循灌溉制度，按计划灌水定额适时适量灌水；灌水均匀；田间有效利用率一般不低于0.90；灌溉水有效利用率不低于0.90，微、喷灌不低于0.85；少破坏或不破坏土壤团粒结构，灌水后土壤能保持疏松状态，表土不板结；灌水劳动生产率高，灌水用工少；灌水简单经济，便于操作，投资及运行费用低；田间占地少，并易于和其他农业措施结合，例如，施肥、施药、调节田间小气候相结合。

2. 设施灌溉的主要类型及特点

（1）畦灌

水从输水沟或直接从毛渠放入畦中，畦中水流以薄层水流向前移动，边流边渗，润湿土层，这种灌水方法称为畦灌。优点：略省水，可育旱作物。缺点：还是费水,且费管理人工。

（2）沟灌

沟灌是农田灌溉的一种方法。在农作物行间开沟培垄,把水引进沟里,让水从边上渗入土垄。适用于宽行距的需中耕作物。

（3）淹灌

淹灌又称格田灌溉,是用田埂将灌溉土地划分成许多格田,灌水时,使格田内保持一定深度的水层,借重力作用湿润土壤。

（4）喷灌

喷灌是指利用机械和动力设备,使水通过喷头（或喷嘴）射至空中,以雨滴状态降落田间的灌溉方法。喷灌设备由进水管、抽水机、输水管、配水管和喷头（或喷嘴）等部分组成,可以是固定的或移动的。具有节省水量、不破坏土壤结构、调节地面气候且不受地形限制等优点（见图4-1）。

图4-1 喷灌设备

（5）滴灌

滴灌是按照作物需水要求,通过低压管道系统与安装在毛管上的灌水器,将水和作物需要的养分一滴一滴,均匀而又缓慢地滴入作物根区土壤中的灌水方法。滴灌不破坏土壤结构,土壤内部水、肥、气、热经常保持适宜于作物生长的良好状况,蒸发损失小,不产生地面径流,几乎没有深层渗漏,是一种省水的灌水方式。滴灌的主要特点是灌水量小,灌水器每小时流量为2~12L,因此,一次灌水延续时间较长,灌水的周期短,可以做到小水勤灌;需要的工作压力低,能够较准确地控制灌水量,可减少无效的棵间蒸发,不会造成水的浪费;滴灌还能自动化管理（见图4-2）。

（6）渗灌

渗灌,即地下灌溉,是利用地下管道将灌溉水输入田间埋于地下一定深度的渗水管道或鼠洞内,借助土壤毛细管作用湿润土壤的灌水方法。

渗灌的主要优点:①灌水后土壤仍保持疏松状态,不破坏土壤结构,不产生土壤表面板结,能为作物提供良好的土壤水分状况;②地表土壤湿度低,可减少地面蒸发;③管道埋入地下,可减少占地,便于交通和田间作业,可同时进行灌水和农事活动;④灌水量省,灌水效率高;⑤能减少杂草生长和植物病虫害;⑥渗灌系统流量小,压力低,故可减小动力消耗,节约能源。

图4-2　滴灌

渗灌存在的主要缺点:①表层土壤湿度较差,不利于作物种子发芽和幼苗生长,也不利于浅根作物生长;②投资高,施工复杂,且管理维修困难;一旦管道堵塞或破坏,难以检查和修理;③易产生深层渗漏,特别对透水性较强的轻质土壤,更容易产生渗漏损失。

渗灌的类型主要有两种:地下水浸润灌溉,它是利用沟渠网及其调节建筑物,将地下水位升高,再借毛细管作用向上层土壤补给水分,以达到灌溉目的。灌溉时关闭节制闸门,使地下水位逐渐升高至一定高度,向上浸润土壤。平时则开启闸门,使地下水位下降到原规定的深度,以防作物遭受渍害,使土壤水分保持在适于作物生长的状态。地下渗水暗管(或鼠洞)灌溉,通过埋设于地下一定深度的渗水暗管(鼠洞),使灌溉水进入土壤,并主要借毛细管作用向四周扩散运移,进行灌溉。

(7)微喷灌

微喷灌属于节水灌溉中的一种,有一定的给水能力,增加土壤水分。微喷灌喷头口径小、压力大,有很大的雾化指标,能够提高空气湿度,降低小环境温度,调节局部气候,适合作用于木耳等喜阴湿的菌类作物。对于有淋洗要求的果蔬类作物,微喷灌喷洒水珠小,不会对蔬菜和果实造成伤害。微喷灌广泛应用于蔬菜、花卉、果园、药材种植场所,以及扦插育苗、饲养场所等区域的加湿降温。

(四)农业技术措施调控

设施内土壤水分偏多可通过中耕、提高气温等方法散墒,苗期地面可撒细干土或草木灰吸湿。采用高畦或高垄栽培,增加地面水分的蒸发。

■■ **思考与交流**

1. 空气湿度的调节有哪几个方面？
2. 土壤湿度的调节有哪几个方面？
3. 设施灌溉的主要类型和特点有哪些？

任务四　滴灌节水技术

一、概述

滴灌是迄今为止农田灌溉最节水的灌溉技术之一。但因其价格较高，一度被称作"昂贵技术"，仅用于高附加值的经济作物中。近年来，随着滴灌带的广泛应用，"昂贵技术"不再昂贵，完全可以在普通大作物上应用。现对大棚滴灌、果树滴灌和棉花滴灌如何布置与施工的技术作一简要介绍，其他宽行作物可参照实施。

滴灌法：利用塑料管道将水通过直径约 10 mm 毛管上的孔口或滴头送到作物根部进行局部灌溉。这是目前最有效的一种节水灌溉方式，水的利用率可达95%。较喷灌具有更高的节水增产效果，同时可以结合施肥，提高肥效一倍以上。适用于果树、蔬菜、经济作物以及温室大棚灌溉，在干旱缺水的地方也可用于大田作物灌溉。其不足之处是滴头易结垢和堵塞，因此应对水源进行严格的过滤处理。可防止土壤板结，省水、省工、降低棚内湿度，抑制病害发生，但需一定设备投入。根据滴灌工程中毛管在田间的布置方式、移动与否以及进行灌水的方式不同，可以将滴灌系统分成以下三类：

（一）地面固定式

毛管布置在地面，在灌水期间毛管和灌水器不移动的系统称为地面固定式系统，现在绝大多数采用这类系统。应用在果园、温室、大棚和少数大田作物的灌溉中，灌水器包括各种滴头和滴灌管、带。这种系统的优点是安装、维护方便，也便于检查土壤湿润和测量滴头流量变化的情况；缺点是毛管和灌水器易于损坏和老化，对田间耕作也有影响。

（二）地下固定式

将毛管和灌水器（主要是滴头）全部埋入地下的系统称为地下固定式系统，这是在近年来滴灌技术的不断改进和提高，灌水器堵塞减少后才出现的，但应用面积不多。与地面固定式系统相比，它的优点是免除了毛管在作物种植和收获前后安装和拆卸的工作，不影响田间耕作，延长了设备的使用寿命；缺点是不能检查土壤湿润和测量滴头流量变化的情况，发生问题维修也很困难。

（三）移动式

在灌水期间，毛管和灌水器在灌溉完成后由一个位置移向另一个位置进行灌溉的系统称为移动式滴灌系统，此种系统应用也较少。与固定式系统相比，它提高了设备和利用率，降低了投资成本，常用于大田作物和灌溉次数较少的作物，但操作管理比较麻烦，管理运行费用较高，适合于干旱缺水、经济条件较差的地区使用。根据控制系统运行的方式不同，可分为手动控制、半自动控制和全自动控制三类：

1.手动控制

系统的所有操作均由人工完成，如水泵、阀门的开启、关闭，灌溉时间的长短，何时灌溉等。这类系统的优点是成本较低，控制部分技术含量不高，便于使用和维护，很适合在我国广大农村推广。不足之处是使用的方便性较差，不适宜控制大面积的灌溉。

2.全自动控制

系统不需要人直接参与，通过预先编制好的控制程序和根据反映作物需水的某些参数可以长时间地自动启闭水泵和自动按一定的轮灌顺序进行灌溉。人的作用只是调整控制程序和检修控制设备。这种系统中，除灌水器、管道、管件及水泵、电机外，还包括中央控制器、自动阀、传感器（土壤水分传感器、温度传感器、压力传感器、水位传感器和雨量传感器等）及电线等。

3.半自动控制

系统中在灌溉区域没有安装传感器，灌水时间、灌水量和灌溉周期等均是根据预先编制的程序，而不是根据作物和土壤水分及气象资料的反馈信息来控制的。这类系统的自动化程度不等，有的是一部分实行自动控制，有的是几部分进行自动控制。

二、优缺点

1）水的有效利用率高。在滴灌条件下，灌溉水湿润部分土壤表面，可有效减少土壤水分的无效蒸发。同时，由于滴灌仅湿润作物根部附近土壤，其他区域土壤水分含量较低，因此，可防止杂草的生长。滴灌系统不产生地面径流，且易掌握精确的施水深度，非常省水。

2）环境湿度低。滴灌灌水后，土壤根系通透条件良好，通过注入水中的肥料，可以提供足够的水分和养分，使土壤水分处于能满足作物要求的稳定和较低吸力状态，灌水区域地面蒸发量也小，这样可以有效控制保护地内的湿度，使保护地中作物的病虫害的发生频率大大降低，也降低了农药的施用量。

3）提高作物产品品质。由于滴灌能够及时适量供水、供肥,它可以在提高农作物产量的同时,提高和改善农产品的品质,使保护地的农产品商品率大大提高,经济效益高。

4）滴灌对地形和土壤的适应能力较强。由于滴头能够在较大的工作压力范围内工作,且滴头的出流均匀,所以滴灌适宜于地形有起伏的地块和不同种类的土壤。同时,滴灌还可减少中耕除草,也不会造成地面土壤板结。

5）省水省工,增产增收。因为灌溉时,水不在空中运动,不打湿叶面,也没有有效湿润面积以外的土壤表面蒸发,故直接损耗于蒸发的水量最少;容易控制水量,不致产生地面径流和土壤深层渗漏。故可以比喷灌节省水 35% ~75%。对水源少和缺水的山区实现水利化开辟了新途径。由于株间未供应充足的水分,杂草不易生长,因而作物与杂草争夺养分的干扰大为减轻,减少了除草用工。由于作物根区能够保持着最佳供水状态和供肥状态,故能增产。

6）滴灌系统造价较高。由于杂质、矿物质的沉淀影响会使毛管滴头堵塞;滴灌的均匀度也不易保证。这些都是目前大面积推广滴灌技术的障碍。目前一般用于茶叶、花卉等经济作物。

虽然滴灌有上述许多优点,但是,由于滴头的流道较小,滴头易于堵塞;且滴灌灌水量相对较小,容易造成盐分积累等问题。

三、滴灌系统组成

滴灌系统由水源工程、首部枢纽（包括水泵、动力机、过滤器、肥液注入装置、测量控制仪表等）、各级输配水管道和滴头等四部分组成（见图4-3及图4-4）,其系统主要组成部分如下:

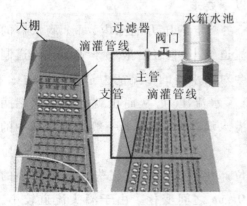

图4-3 滴灌系统示意图

图4-4 滴灌系统组合简图

1）动力及加压设备,包括水泵、电动机或柴油机及其他动力机械,除自压系统外,这些设备是微灌系统的动力和流量源。

2）水质净化设备或设施,有沉沙（淀）池、初级拦污栅、旋流分沙分流器、筛网过滤器和介质过滤器等。可根据水源水质条件,选用一种组合。筛网过滤器的主要作用是滤除灌溉水中的悬浮物质,以保证整个系统特别是滴头不被堵塞。筛网多用尼龙或耐腐蚀的金属丝制成,网孔的规格取决于需滤出污物颗粒的大小,一般要清除直径 $75\,\mu m$ 的泥沙,需用 200 目的筛网。砂砾料过滤器是用洗净、分选的砂砾石和砂料,按一定的顺序填进金属圆筒内制成的,对于各种有机或有机污物、悬浮的藻类都有较好的过滤效果。旋流分沙分流器是靠离心力把比重大于水的沙粒从水中分离出来,但不能清除有机物质。

3）滴水器,水由毛管流进滴水器,滴水器将灌溉水流在一定的工作压力下注入土壤。它是滴灌系统的核心。水通过滴水器,以一个恒定的低流量滴出或渗出后,在土壤中以非饱和流的形式在滴头下向四周扩散。目前,滴灌工程实际中应用的滴水器主要有滴头和滴灌带两大类。

4）化肥及农药注入装置和容器,包括压差式施肥器、文丘里注入器、隔膜式或活塞式注入泵,化肥或农药溶液储存罐等。它必须安装于过滤器前面,以防未溶解的化肥颗粒堵塞滴水器。化肥的注入方式有三种:一种是用小水泵将肥液压入干管;另一种是利用于管上的流量调节阀所造成的压差,使肥液注入干管;第三种是射流注入。

5）控制、量测设备,包括水表和压力表,各种手动、机械操作或电动操作的闸阀,如水力自动控制阀、流量调节器等。

6）安全保护设备,如减压阀、进排气阀、逆止阀、泄排水阀等。

四、滴水器

滴水器是滴灌系统的核心,要满足以下要求:

1）有一个相对较低而稳定的流量。在一定的压力范围内,每个滴水器的出水口流量应在 $2\sim8\,L/h$ 之间。滴头的流道细小,直径一般小于 $2\,mm$,流道制造的精度要求也很高,细小的流道差别将会对滴水器的出流能力造成较大的影响。同时水流在毛管流动中的摩擦阻力降低了水流压力,从而也就降低了末端滴头的流量,为了保证滴灌系统具有足够的灌水均匀度,经验上一般是将系统中的流量差限制在 10% 以内。

2）大的过流断面。为了在滴头部位产生较大的压力损失和一个较小的流量,水流通道断面最小尺寸在 $0.3\sim1.0\,mm$ 之间变化。由于滴头流道较小,所以很容易造成流道堵塞。如若增大滴头流道,则需加长流道。

为此,研究出了多种滴水器。由于滴水器的种类较多,其分类方法也不相同。

（1）按滴水器与毛管的连接方式分

1）管间式滴头：把灌水器安装在两段毛管的中间，使滴水器本身成为毛管的一部分。例如，把管式滴头两端带倒刺的接头分别插入两段毛管内，使绝大部分水流通过滴头体内腔流向下一段毛管，而很少的一部分水流通过滴头体内的侧孔进入滴头流道内，经过流道消能后再流出滴头。

2）管上式滴头：直接插在毛管壁上的滴水器，如旁播式滴头、孔口式滴头等。

（2）按滴水器的消能方式不同分

1）长流道式消能滴水器：长流道式消能滴水器主要是靠水流与流道壁之间的摩擦耗能来调节滴水器出水量的大小，如微管、内螺纹及迷宫式管式滴头等，均属于长流道式消能滴水器。

2）孔口消能式滴水器：以孔口出流造成的局部水头损失来消能的滴水器，如孔口式滴头、多孔毛管等均属于孔口式滴水器。

3）涡流消能式滴水器：水流进入滴水器的流室的边缘，在涡流的中心产生一低压区，使中心的出水口处压力较低，因而滴水器的出流量较小。设计良好的涡流式滴水器的流量对工作压力变化的敏感程度较小。

4）压力补偿式滴水器：压力补偿式滴水器是借助水流压力使弹性体部件或流道改变形状，从而使过水断面面积发生变化，使滴头出流小而稳定。压力补偿式滴水器的显著优点是能自动调节出水量和自清洗，出水均匀度高，但制造较复杂。

5）滴灌管或滴灌带式滴水器：滴头与毛管制造成一整体，兼具配水和滴水功能的管（或带）称为滴灌管（或滴灌带）。按滴灌管（带）的结构可分为内镶式滴灌管和薄壁滴灌带两种。

五、使用滴灌带的注意事项

1）滴灌的管道和滴头容易堵塞，对水质要求较高，所以必须安装过滤器；

2）滴灌不能调节田间小气候，不适宜结冻期灌溉，在蔬菜灌溉中不能利用滴灌系统追施粪肥；

3）滴灌投资较高，要考虑作物的经济效益；

4）滴灌带的灼伤。注意在铺设滴灌带时压紧压实地膜，使地膜尽量贴近滴灌带，地膜和滴灌带之间不要产生空间。避免阳光通过水滴形成的聚焦。播种前要平整土地，减少土地多坑多洼现象。防止土块杂石杂草托起地膜，造成水汽在地膜下积水形成透镜效应，灼伤滴灌带。铺设时可将滴灌带进行潜埋，避免被焦点灼伤。

思考与交流

1. 根据控制系统运行的方式不同,滴灌分为哪几类?

2. 滴灌的优缺点有哪些?

3. 滴灌主要有哪几部分构成?

4. 滴水器主要分为哪几类?

5. 结合所学知识,调查了解当地设施节水技术应用情况。

项目五

设施气体环境及其调控

【任务描述】

能阐述气体对作物生育及劳动者健康的影响；能掌握设施内 CO_2 的变化特征及增施方法；能进行温室内气流环境的调控。

【能力目标】

1. 能阐述有害气体及其消除方法、设施内 CO_2 的变化特征；

2. 能通过温室内气流环境及调控知识和技术进行温室内气体环境调控。

【任务分析】

每 4、5 人为一个学习组，由一人负责，统筹安排查阅资料并整理，学习组一起讨论，围绕温室内气流环境及调控知识制作汇报材料，期间提出存在的疑问，教师引导答疑。

【工作过程】

1. 资料查阅

学习组成员根据给定的工作任务在图书馆、互联网上搜索相关概念及温室内气流环境及调控知识并整理。

2. 资料汇总，制作汇报材料

（1）将所搜集的材料按照类别进行汇总；

（2）指导学生进行当地温室内气流环境及调控知识的学习，制作完成汇报材料。

3. 汇报，交流

组织各组进行汇报、提问、交流。

【理论提升】

作物生育环境，除光照、土壤环境外，主要就是空气环境。空气的湿度、温度、CO_2 与有害气体浓度及风速等是影响作物空气环境的主要因素。

在自然状态下生长发育的农作物与大气中的气体关系密切。二氧化碳是作物进行光合作用的必需原料,氧气则是作物有氧呼吸的前提。因而 CO_2 和 O_2 对于作物的生长发育有着重要的作用。因此,在生物环境的控制中,通风换气是一个十分重要的手段,但只有当通风换气量合理时,才有可能保持室内适宜空气环境。

任务一 设施气体环境特点

一、设施内主要气体

设施内不仅有对作物生长有利的 CO_2 和 O_2,还有许多有害气体。

(一)二氧化碳

二氧化碳是绿色植物光合作用不可缺少的原料,温室中常用作肥料。

光合作用总反应: $CO_2 + H_2O$ 叶绿体、光照 $C_6H_{12}O_6 + O_2$,注意:光合作用释放的 O_2 全部来自水,光合作用的产物不仅是糖类,还有氨基酸(无蛋白质)、脂肪,因此光合作用产物应当是有机物。

(二)氧气

氧气是地球上一切生物生存的前提和基础。不仅作物本身需要氧气来维持生存和生长发育,土壤中也必须含有足够的氧气。这是因为作物地上部分的生长必须与地下部分的生长相配合,而地下部分的生长,供给土壤氧气则极为重要。

呼吸作用是一种酶促氧化反应。虽名为氧化反应,不论有无氧气参与,都可称作呼吸作用(这是因为在化学上,所有电子转移的反应过程,皆可称为氧化)。有氧气参与时的呼吸作用,称之为有氧呼吸;没氧气参与的反应,则称为无氧呼吸。同样多的有机化合物,进行无氧呼吸时,其产生的能量,比进行有氧呼吸时要少。有氧呼吸与无氧呼吸是细胞内不同的反应,与生物体没直接关系。即使是呼吸氧气的生物,其细胞内,也可以进行无氧呼吸。

(三)设施有害气体

在温室大棚蔬菜栽培过程中,由于设施密闭,内外空气对流交换少,产生的有毒气体如氨气、亚硝酸气体、一氧化碳、二氧化硫、氯气等散发不出去,会危害蔬菜的生长发育,在生产管理中应注意防范。

1)氨气:主要来自土壤中速效氮肥,如尿素、磷酸二铵、碳酸氢铵、硫酸铵等的分解,这类肥料遇到高温环境,就会分解挥发,产生氨气。特别是在温室大棚内采用不适当的施肥方式(点施、撒施)追施此类肥料时,极易引起氨气挥发而提高空气中的氨气含量。氨气还来自土壤中未经腐熟的粪肥,如鸡粪、猪粪、牛马粪、饼肥等。这些肥料施入土壤后,经微生物分解发酵也会释放氨气。

2)亚硝酸气体:主要来自土壤中氮肥的硝化反应,氮肥施入土壤中后,经过微生物的硝化作用,产生亚硝酸气体。大棚内如果施用了过多的速效氮肥,极易产生亚硝酸气体。

3)氯气:主要来源于有毒塑料薄膜,或有毒塑料管等。

4)一氧化碳、二氧化硫:来源于在大棚中加热增温时煤炭或柴草的燃烧。

二、设施内 CO_2 的变化特征

CO_2 是光合作用的重要原料之一,在一定范围内,植物的光合产物随 CO_2 浓度的增加而提高,因而了解温室大棚内的 CO_2 的浓度状况和变化特征对促进作物生长、增加产量、发展生产十分必要。

大气中 CO_2 含量一般约为0.03%,大棚空气中 CO_2 含量随着作物的生长和天气的变化而变化。

一般来说,夜间比白天高,阴天比晴天高,夜间蔬菜作物通过呼吸作用,排出 CO_2,使棚内空气中 CO_2 含量相对增加;早晨太阳出来,作物进行光合作用而吸收消耗 CO_2,消耗逐渐大于补充,使棚内 CO_2 浓度降低。总的看来设施内白天 CO_2 呈现亏缺状态,远低于室外平均水平,当温室封闭时更甚。

作物不同生育期浓度不同。出苗前或定植前,因呼吸强度大,大棚内 CO_2 浓度高;出苗后或定植后,呼吸强度弱,排出的 CO_2 量小,CO_2 浓度相对较低。

不同大小的温室浓度不同。大温室 CO_2 出现最低浓度的时间延迟。

温室或大棚通常使用加温或降温的方法使室内温度适于作物生长,但由于与外界大气隔绝,也有两个不利因素,一是降低了日光透射率,二是影响了与外界气体的交换。因此必须采取补充二氧化碳的措施。

■ 思考与交流

1.设施内的气体主要有哪些?

2.设施内的有害气体及其产生原因有哪些?

3.设施内二氧化碳变化的特征有哪些?

任务二 园艺作物与设施气体的关系

园艺设施内的气体条件不如光照和温度条件那样直观的影响着园艺作物的生长和发育,往往容易被人所忽视。但是随着设施内光照和温度条件的不断改

善,设施内的气体成分和空气流动状况对园艺作物生育的影响逐渐引起人们重视。设施内空气流动不但对温、湿度有调节作用,并且能及时排出有害气体,同时补充 CO_2 气体,对增强园艺作物光合作用,促进生育有重要意义。

一、蔬菜与设施气体环境的关系

气体环境对蔬菜生长发育的影响主要指气体成分、气体流动和气体温度的影响。气体成分和气体流动对蔬菜生长发育的影响很大。通常,大气中主要包含 N_2、O_2、CO_2、H_2 等成分,其中,对蔬菜作物生长发育有影响的是 O_2,CO_2,但一般情况下 O_2 很少缺乏到影响蔬菜作物生长发育的程度,因此 CO_2 经常成为影响蔬菜作物生长发育的重要因子。

(一)气体流动与蔬菜生长发育

CO_2 是植物光合作用的主要原料之一,而 CO_2 从大气中进入到植物叶肉细胞的叶绿体主要靠扩散实现,扩散速度的快慢与气体流动密切相关。因此,气体流动对蔬菜生长发育有显著影响。

1. 气体流动对 CO_2 扩散阻力的影响

CO_2 从空气中扩散到植物叶片叶肉细胞的叶绿体中的整个过程存在着各种阻力,统称为 CO_2 扩散阻力。CO_2 整个扩散过程的阻力主要包括乱流大气阻力(ra)、叶面境界层阻力(rb)、叶表皮阻力(rc)和气孔阻力(rs)、叶肉阻力(rm)。

2. 风速对蔬菜光合作用的影响

风速通过对蔬菜叶面境界层阻力(rb)的影响,进而影响蔬菜光合作用。据矢吹等(1981)理论计算结果认为,随风速增加蔬菜光合速率增加,而随叶片增长光合速率减弱,叶片增长使光合速率减弱被认为是长叶片增加了 rb 的缘故。但是,另据矢吹等(1970)实测结果表明,并不是风速越大光合作用越强,特别是在相对湿度小的条件下,风速过大还会减低光合速率,这可能与风速大,蒸腾作用大,从而使气孔关闭,增加了气孔阻力有关。一般认为,风速 50 cm/s 对光合作用有利。

(二)CO_2 气体环境与蔬菜生理效应

1. 对蔬菜光合作用的影响

通常大气中 CO_2 浓度在 350 μmol/mol。这种 CO_2 浓度不能满足蔬菜作物光合作用,因此提高大气中的 CO_2 浓度,会显著的提高蔬菜叶片光合速率。然而,蔬菜作物长期生长于高 CO_2 浓度环境中,其光合速率也会出现降低的现象,这种现象称为高 CO_2 浓度的光合驯化或光合适应。高 CO_2 浓度的光合驯化的发生与蔬菜种类和品种、叶龄大小、环境条件、高 CO_2 浓度持续时间或 CO_2 浓度与增加时间的乘积等因素有关。

2. 对蔬菜气孔行为和蒸腾作用的影响

CO_2 浓度还可以影响蔬菜气孔行为和蒸腾作用。通常,提高 CO_2 浓度,蔬菜叶片气孔阻力增大,蒸腾速率降低,水分利用效率(光合速率/蒸腾速率)提高,尤其是弱光条件下提高 CO_2 浓度,可显著提高植物叶片气孔阻力。有研究认为,提高 CO_2 浓度,可降低作物蒸腾 $20\% \sim 40\%$,水分利用率提高 30%。

3. 对蔬菜体内矿质元素浓度的影响

CO_2 浓度对蔬菜体内矿质元素浓度也有较大影响。提高 CO_2 浓度,会降低蔬菜体内 N,P,K,Ca,Mg 的浓度,尤其以 N,Ca 最为明显。有研究报道,提高 CO_2 浓度,茄子幼叶中 B 含量降低 21%,而同期蒸腾作用降低 15%。尽管提高 CO_2 浓度蔬菜体内矿质元素降低,但植株体内矿质元素总量仍然增加。

(三)CO_2 气体环境与蔬菜生育效应

1. 对蔬菜生长发育的影响

CO_2 浓度对蔬菜生长发育具有显著影响。在蔬菜光合作用的 CO_2 饱和点以下提高 CO_2 浓度,可明显增加蔬菜株高、茎粗、叶片数、叶面积、分支数、开花数及坐果率,加快其生长发育速度。

然而有时高 CO_2 浓度下蔬菜会出现叶片失绿黄花、卷曲畸形、坏死等生长异常现象。出现 CO_2 浓度伤害的原因可能有如下几方面:一是高 CO_2 浓度下蔬菜叶片气孔关闭,蒸腾降低,叶温过高加速叶绿素的分解破坏;二是高 CO_2 浓度下强光使蔬菜光合旺盛,淀粉含量增加,淀粉大量积累造成叶绿体损伤;三是高 CO_2 浓度下蔬菜蒸腾降低影响矿质营养吸收造成缺素。

2. 对蔬菜产量和品质的影响

CO_2 浓度对蔬菜产量和品质有显著影响。一些报道表明,提高 CO_2 浓度可提高蔬菜产量 $20\% \sim 40\%$,尤其对提高前期产量效果显著。果菜类蔬菜施用 CO_2 可促使花芽分化,降低瓜类蔬菜雌花节位,提高雌花数目和坐果率,加快果实生长速度,提早采收 $5 \sim 10$ d。提高 CO_2 浓度还可改善蔬菜品质,提高蔬菜维生素 C、可溶性糖和可溶性固形物含量,延迟果实成熟、延长货架期。

3. 对蔬菜抗病虫能力的影响

CO_2 浓度对蔬菜抗病虫害也有一定影响。有相关试验结果表明提高 CO_2 浓度可降低黄瓜霜霉病和番茄叶霉病的发病率,这可能与提高 CO_2 浓度后植株长势增强、抗性提高和气孔部分关闭阻止病原菌入侵有关。

(四)蔬菜对 CO_2 浓度的要求

蔬菜对 CO_2 浓度的要求与蔬菜本身光合作用的 CO_2 饱和点和补偿点有关,

同时受其他环境条件的限制。

1. CO_2 饱和点

在其他环境因子一定的条件下,蔬菜作物净光合速率随着 CO_2 浓度的提高而提高,达到某一特定值后,提高 CO_2 浓度蔬菜作物净光合速率不能再升高,此时环境中的 CO_2 浓度为蔬菜光合作用的 CO_2 饱和点。一般蔬菜光合作用的 CO_2 饱和点在 $900 \sim 1\ 600\ \mu mol/mol$,但不同蔬菜作物种类,或同一蔬菜种类不用品种,或同一蔬菜种类同一品种的不同生育时期,其光合作用的 CO_2 饱和点是不同的。其中黄瓜、西葫芦、番茄、花椰菜等蔬菜的 CO_2 饱和点较高,一般在 $1\ 500 \sim 1\ 600\ \mu mol/mol$;其他多数蔬菜的 CO_2 饱和点在 $1\ 300 \sim 1\ 500\ \mu mol/mol$;只有菠菜等少数蔬菜的 CO_2 饱和点低于 $1\ 000\ \mu mol/mol$。但是同一作物的 CO_2 饱和点并不是不变的,会随着其他因素的影响而发生变化。

2. CO_2 补偿点

在其他环境因子一定的条件下,蔬菜作物净光合速率随着 CO_2 浓度的降低而降低,蔬菜作物净光合速率降为 0 时,环境中的 CO_2 浓度为蔬菜光合作用的 CO_2 补偿点。此时蔬菜作物光合作用吸收的 CO_2 量等于呼吸作用释放的 CO_2 量。各种蔬菜作物的 CO_2 补偿点各有不同,其差异不大,一般大白菜、菠菜、韭菜等蔬菜的 CO_2 补偿点低于 $50\ \mu mol/mol$,而黄瓜、西葫芦等蔬菜的 CO_2 补偿点高于 $60\ \mu mol/mol$,其他蔬菜 CO_2 补偿点多为 $50 \sim 60\ \mu mol/mol$ 之间。

二、花卉与设施气体环境的关系

空气的各种成分,有的为花卉生长所需要,有的则有害无益。随着城乡的绿化装饰,绿化覆盖面积越来越大,净化空气的效果越来越好。同时随着工业生产的发展,空气时常受到不同程度的污染,有的花卉吸收了有害气体,起到了绿色环保的作用。有的花卉受到危害,影响了正常的生长发育。

(一)空气中的氧气

空气中的氧气是植物呼吸作用所必需的。空气中的氧气含量对花卉的生长需要是足够的,但土壤中氧气比大气要低得多,通常只有 $10\% \sim 12\%$,特别是质地黏重、板结、性状结构差、含水量高的土壤,常因氧气不足,植株根系不发达或缺氧而死亡。各种花卉的根系多数有吸氧性,花卉盆栽选用透气性较好的瓦盆最好。盆栽花卉的根系在盆壁与盆土接触处生长最旺盛。在花卉栽培中的排水、松土、翻盆及清除花盆外的泥土、青苔等工作都有改善土壤通气条件的意义。

不同花卉种子的发芽对 O_2 的反应不一样,如矮牵牛种子有湿度就能发芽;大波斯菊、翠菊、羽扇豆的种子如果浸泡于水中,就会因缺氧而不能发芽。大多数的花卉种子都需要土壤含氧量在10%以上发芽好,土壤含氧量在5%以下时,许多种子不能发芽。

(二)空气中的二氧化碳

二氧化碳是植物光合作用的主要原料。空气中CO_2的浓度对光合强度有直接影响,如浓度过大,超过常量的10~20倍,会迫使气孔关闭,光合强度下降。白天阳光充足,植物的光合作用十分旺盛,如果空气流通不畅,CO_2的浓度低于正常浓度80%时,就会影响光合作用正常进行。露地花卉的栽培株行距或盆花栽培摆放的密度不要太密,应留有一定的风道进行通风。

(三)其他

风是空气流动形成的,轻微的风,不论对气体交换、植物生理活动或开花授粉都有益,但过强或8级以上的风,往往有害,易造成落花、落果。

栽培中进行花期调节,可适当利用某些气体对植物产生特殊的作用,如对休眠的杜鹃,在每100 L体积空气中加入100 ml的40%浓度的2-氯乙醇,24 h就打破休眠,提早发芽开花。郁金香、小苍兰在每100 L的空气中加入20~40 g的乙醇,经36~48 h能打破休眠提前开花。

(四)空气中的有害物质和花卉的抗性

目前在工业集中的城市区域,大气中的有害物质可能有数百种,其中影响较大的污染物质有粉尘、二氧化硫、氟化氢、硫化氢、一氧化碳、化学烟雾、氮的氧化物、甲醛、氨、乙烯及汞、铅等重金属氧化物粉末等,在这些物质中以二氧化硫、氟化氢、氯、化学烟雾以及氮的氧化物等对花卉植物危害最严重,但是不同的污染物质对不同的花卉植物危害程度不一,有的抗性很强。

对有害气体抗性较强的花卉有以下几种:

1)抗汞的花卉:含羞草。

2)抗氯气的花卉:代代、扶桑、山茶、鱼尾葵、朱蕉、杜鹃、唐菖蒲、千日红、石竹、鸡冠、大丽花、紫茉莉、天人菊、月季、一串红、金盏菊、翠菊、银边菊、蜈蚣草等。

3)抗氯化氢的花卉:大丽花、一串红、倒挂金钟、山茶、牵牛、天竺葵、紫茉莉、万寿菊、半只莲、葱兰、美人蕉、矮牵牛、菊花等。

4)抗二氧化硫的花卉:金鱼草、蜀葵、美人蕉、金盏菊、紫茉莉、鸡冠、玉簪、大丽花、凤仙花、地肤、石竹、唐菖蒲、茶花、扶桑、月季、石榴、龟背竹、鱼尾葵等。

▰▰ 思考与交流

1. 简述CO_2饱和点和补偿点的概念。

2.CO_2气体环境与蔬菜生理效应有哪些?

3.常见的有害气体有哪些?

任务三　设施气体环境的调控技术

增加CO_2对作物生长、产量的增加和质量的提高都有促进作用。以蔬菜为例主要有促进蔬菜生长,提高果蔬类结果率,提高蔬菜产量,提升蔬菜品质的作用。

根据设施内气体条件的特点,设施气体条件的调控措施主要有以下三方面的内容。

一、增施二氧化碳的措施

设施内增加CO_2浓度的方法主要有三种:一是大量施用有机肥,二是合理通风换气,三是人工施用CO_2。

(一)通风换气

一般在设施内CO_2浓度低于大气水平($300\ ml/m^3$)时,采用通风换气的方法补充CO_2,这种方法简单易行,但只能使CO_2浓度最高达到大气水平,而且外界气温低于10℃时,设施不能进行通风换气,此法难以进行。在生产中只能作为增加CO_2的辅助措施。

(二)增施有机肥

土壤中增施有机肥,可在微生物的分解作用下,不断向设施内释放出CO_2。据测定1 kg有机肥能释放出$1.5\ kg\ CO_2$,施入土中的有机质中腐熟稻草释放的CO_2最多,稻壳和堆肥次之,腐叶土、泥炭等较差。又如酿热温床中有机肥发热量达到最高值时,CO_2浓度为大气中CO_2浓度的100倍以上。

增施有机肥法可行性强,但释放CO_2期短,仅一个月左右,且浓度不易控制,植株进行旺盛光合作用时难以获得足够的CO_2,而土壤中CO_2浓度超过5 mg/L,又不利于作物生长发育,所以此法也有局限性。

(三)人工施用二氧化碳

目前设施内CO_2气体施肥常用的方法主要有燃烧法、化学法、生物法、直接法等。

1.液体CO_2气体施肥法

该施肥法是把气态CO_2经加压后变为液态CO_2,保存在钢瓶中,施肥时打开阀门,用一条带有气孔的长塑料管把气化的CO_2均匀释放进设施内。该施肥法方便,施肥浓度易于掌握,并且 CO_2 气体扩散均匀,施肥效果比较好,同时由于所用的 CO_2 气体主要为一些化工厂和酿酒厂的副产品,价格比较便宜。该施肥法比较有气源保证,另外施肥时一定要注意所用的 CO_2 的浓度。

2.固体 CO_2 气体施肥法

该法是利用固体 CO_2(干冰)在常温下吸热后易于挥发的特点来进行 CO_2 气体施肥。该法操作简单,用量易于控制,施肥均匀,施肥效果比较好。其主要不足是固体 CO_2 的成本较高。该法目前应用范围不大,主要用于苗床内补充 CO_2 气体。

3.酸反应施肥法

该法是用 NH_4HCO_3,HCl,HNO_3 等进行反应,产生 CO_2 气体进行施肥。与硫酸反应的碳酸盐主要有碳酸氢铵,其反应产物是 CO_2 和稀硫酸铵,硫酸铵为优质肥料,可以在设施内进行施肥,另外原料的成本费用比较低。因此,硫酸反应组合应用的最为普遍。

4.燃烧施肥法

燃烧法是通过燃烧碳氢燃料产生 CO_2 气体。再由鼓风机把 CO_2 气体吹入设施内。该法在产生 CO_2 气体的同时,还释放出大量的热量可以给设施加温,一举两得,低温期的应用效果最为理想。

5.生物施肥法

该法是利用生物肥料的生理生化作用,生产 CO_2 气体。该类肥一般施入表土层 1~2 cm 深的土层内,在土壤温度和湿度适宜时,可连续释放 CO_2 气体。生物施肥法高效安全、省工省力,无残余危害,所用的生物肥在释放完 CO_2 气体后,还可作为有机肥为作物供应土壤营养,一举两得。该法施肥的缺点主要是 CO_2 气体连续释放缓慢,释放速度和释放量无法控制,既不能在作物急需时期大量放出,也不能在作物不需要时停止释放,容易造成 CO_2 气体散失,造成浪费。

(四)设施内酸反应法二氧化碳施肥技术

1.酸反应施肥法原理

$$2NH_4HCO_3 + H_2SO_4(稀) = (NH_4)_2SO_4 + 2CO_2\uparrow + 2H_2O$$

该反应中,158 份 NH_4HCO_3 产生 98 份 CO_2,同时还产出 132 份 $(NH_4)_2SO_4$。硫酸与碳酸氢铵的用量比为 0.62:1。

由于浓硫酸直接与碳酸氢铵反应比较剧烈,泡沫四处飞溅,容易伤人以及其他物品,因此反应前要将浓硫酸按 1:3 的比例用水稀释成稀硫酸,稀释时边倒入边搅拌。

2.酸反应施肥方法

（1）简易施肥法

该法是用小塑料桶盛装硫酸,均匀排列于温室或大棚内。为控制反应速度,使 CO_2 气体缓慢释放,防止过于剧烈,以及设施内 CO_2 气体浓度上升过高,发生 CO_2 气体中毒现象,反应时用塑料袋包起碳酸氢铵,在袋上扎几个小孔后,投入硫酸中。

所用塑料桶个数的计算方法是:塑料或者温室大棚内的土地面积除以 $40 \sim 50 \text{ m}^2$。由于 CO_2 气体的密度比空气大,容易下沉,扩散性较差,塑料桶应垫高或用绳吊挂于棚架下,据地面约 1 m 左右为宜。

（2）CO_2 发生器法

该法是用成套的 CO_2 气体发生装置代替小塑料桶,碳酸氢铵装入反应桶内,打开控制阀,硫酸流入反应桶发生反应产生 CO_2 气体,经清水过滤后,用带孔的塑料管送入设施内。

（3）酸反应施肥法要领

反应原料用量计算如下:

碳酸氢铵用量（g）＝ 设施内的空间体积（m^3）× CO_2 气体浓度（mL/m^3）× 0.036

浓硫酸用量（g）＝ 碳酸氢铵用量（g）× 0.62

简易施肥时,先在设施外称量出所需用的碳酸氢铵,然后按塑料桶的数量分包,用塑料袋包住。带入设施内,在包上扎 3 ~ 4 个小孔后,把袋投入塑料桶内,开始反应;用发生器施肥时,塑料管放在设施外。按用量要求称出碳酸氢铵和硫酸后,放入各自容器内。确信桶封盖严实,塑料管连接牢固不漏气后,打开开关,让硫酸缓慢流入反应桶内,进行反应。产生的 CO_2 气体由送气管送入过滤桶内,经清水过滤后,再由散气管散发到设施内。

（4）施用浓度

经专家研究,设施内 CO_2 浓度以 800 ~ 1 500 mL/L 为宜。在 800~1 500 mL/L 的浓度下,很容易和光照、温度、水肥等条件配合,投入产出比最大,依作物不同增产幅度在 30% ~ 150% 之间。具体施用浓度依作物种类、生育时期、光照温度等条件而定。

根据温度和天气情况确定浓度,设施内的气温低于 15℃ 时,作物的光合作用比较微弱,CO_2 气体的消耗量比较少,不宜施肥。温度低于 25℃ 时,施肥浓度要低,适宜浓度为 800 ~ 1 000 mL/m^3。温度在 25 ~ 32℃ 时,浓度可升到 1 200 mL/m^3。温度高于 32℃ 以上要停止施肥,必须施肥时,CO_2 浓度要低一些,时间短一些,避免引起作物叶片老化。阴天光照不足,不宜进行施肥;晴天阳光充足,作物的光合作用也较强,CO_2 气体的施肥浓度宜高,应根据其他条件,在允许范围内选择高浓度。

根据作物的栽培时期确定浓度,一般来说作物苗期的生长量最小,施肥浓度要低一些,以 $800 \sim 1\,000\ mL/m^3$ 为宜,结果期对糖类的需求量较大,浓度要高一些,以 $1\,000 \sim 13\,000\ mL/m^3$ 为宜。

根据作物的生长情况和肥水管理情况确定浓度,作物的茎叶生长旺盛时,施肥的浓度要低一些,以防止茎叶生长过于旺盛造成徒长。植株长势弱时,施肥的浓度也不易太高。植株结果多时,容易引起茎叶早衰,应加大施肥浓度,促进叶片生长。肥水供应充足,应加大施肥浓度;肥水供应不足时,施肥浓度要低一些。

(5)施肥时间

一般晴天上午,当设施揭开草苦约 $0.5\ h$ 后,其内的 CO_2 气体浓度便开始下降到适宜范围下,应开始施肥。阴天,设施升温速度慢,CO_2 浓度下降也慢,可将施肥的开始时间推迟到日出后 $1\ h$ 左右。在其他条件允许时,每日的 CO_2 施肥时间应该尽量长一些,一般施肥时间应不少于 $2\ h$。

(6)施肥时期

苗期进行 CO_2 施肥能明显地促进幼苗的发育,幼苗不仅生长快、叶片数多而厚,而且花芽分化的质量也提高,定植后缓苗快,结果期提前,增产效果明显。作物生长后期,生产量小,栽培效益也比较低时,一般不再进行施肥,以降低生产成本。施用期要得当:蔬菜定植后 $3 \sim 5\ d$ 根系开始活动时施;根菜类在肉质根膨大期施;瓜果类在坐果初期施。

(五)设施内增施 CO_2 应注意的问题

1. 保证肥水供应

CO_2 施肥只能增加作物的糖类,作物生长所需的矿质营养则必须由土壤提供,况且作物进行 CO_2 气体施肥后,生长加快,生长量增大,对肥水的需要量也加大,如果不加强肥水管理,肥水供应不足,则会由于叶片中制造的糖类不能及时地被转移和利用,在叶片中积累过多,而使叶绿素遭到破坏,反过来抑制光合作用。

2. 要防止植株茎叶徒长

CO_2 气体施肥后,茎叶中积累的糖类比较多,生长速度加快,在肥水供应充足、温度偏高时容易发生徒长。因此在进行 CO_2 施肥期间,较不施肥时,温度适当低 $1 \sim 2\ ℃$。

3. 要防止 CO_2 中毒

一般施用 CO_2 的最高浓度不要超过 2 000 mL/m³，生产中最高浓度一般控制在 1 600 mL/m³ 以下为安全。浓度过高，持续时间较长时，植株的叶片气孔不能正常开启，蒸腾作用减弱，叶片中多余的热量不能及时的散发出去，导致叶片萎蔫、黄化甚至脱落，一些对高浓度 CO_2 反应敏感的作物，叶片和果实还容易发生畸形。

4. CO_2 气体施肥要保持连续性

在 CO_2 施肥的关键时间应坚持每天施肥，不能每天施肥时，前后两次施肥间隔也应短一些，一般不超过一周。

5. 用硫酸–碳酸氢铵反应法应注意安全

碳酸氢铵易挥发出氨气，不得在设施内贮藏、称量或分包、装桶。浓硫酸用前在设施外稀释，1 份浓硫酸缓慢倒入 3 份水中，每次稀释浓硫酸不宜过多，用盛液桶反应时应加盖密封，防止硫酸挥发伤害叶片。反应液中硫酸彻底用完后再做追肥，稀释 50 倍后施入土壤，防止烧苗。由于硫酸腐蚀性极强，使用时避免飞溅到身上，并使用非金属容器。

6. 大温差管理可提高施肥效果

白天上午在较高温度和强光下增施 CO_2，利于光合作用制造有机物质；而夜间有较低的温度，增加温差有利于光合产物运转，从而加速作物生长发育和光合有机物的积累。

二、预防有害气体的产生

（一）氨气（NH_3）和亚硝酸气（NO_2）

NH_3 和 NO_2 主要是在肥料分解过程中产生，逸出土壤散布到室内空气中，通过叶片的气孔侵入细胞造成危害，主要危害蔬菜的叶片，分解叶绿素。

氨气（NH_3）：叶片开始水浸状，逐步变黄色或淡褐色，严重的可导致全株死亡。容易受害的蔬菜有黄瓜、番茄、辣椒等。受害起始浓度为 5 ppm。

亚硝酸气（NO_2）：叶的表面叶脉间出现不规则的水渍状伤害，然后很快使细胞破裂，逐步扩大到整个叶片，产生不规则的坏死，重时叶肉漂白致死，叶脉也变成白色。它主要危害靠近地面的叶片，对新叶危害较少。黄瓜、茄子等蔬菜容易受害，受害起始浓度为 2×10^6。

二者的共同特点是：受害后 2~3 d 受害部分变干，向叶面方向凸起，而且与健康部分界限分明。氨气中毒的病部颜色偏深，呈黄褐色；亚硝酸气呈黄白色。pH > 8.5 时为氨气中毒，pH < 8.2 时为亚硝酸气中毒。

1. 发生条件

施肥不当：一次过量施用尿素或铵态氮化肥后（10d左右），就会有氨气产生。施用未腐熟的鸡粪、饼肥等；土壤过干，土壤盐分浓度过高（>5 000 ppm）；土壤呈强酸性（pH<5.0）。

2. 预防方法

1）不施用未腐熟的有机肥，应严格禁止在土壤表面追施生鸡粪和在有蔬菜生长的温室发酵生马粪；

2）一次追施尿素或铵态氮肥不可过多，并埋入土中；

3）注意施肥与灌水相结合；

4）一旦发现上述气体危害，应及时通风换气并大量灌水；

5）发现土壤酸度过大时，可适当施用生石灰和硝化抑制剂。

（二）二氧化硫（SO_2）和一氧化碳（CO）

菠菜、菜豆对二氧化硫非常敏感，当浓度在（0.3~0.5）$\times 10^6$就可受害。一般在（1~5）$\times 10^6$时大部分蔬菜受害。番茄、菠菜叶面出现灰白斑或黄白斑，茄子出现褐斑，嫩叶容易受害。

来源：临时炉火加温使用含二氧化硫高的燃料而且排烟不好。要使用含硫量低的煤加温，疏通烟道，必要时应用鼓风机使煤充分燃烧。

（三）乙烯（C_2H_4）

黄瓜、番茄对乙烯敏感，当浓度达到0.05×10^6时，6h后受害，达到0.1×10^6时，两天后番茄叶片下垂弯曲变黄褐色。达到1×10^6时，大部分蔬菜叶缘或叶脉之间发黄，而后变白枯死。

1）来源：乙烯利及乙烯制品。如有毒的塑料制品，因产品质量不好，在使用过程中经阳光曝晒就可挥发出乙烯气体；乙烯利使用浓度过大，也会产生乙烯气体。

2）预防方法：注意塑料制品质量，不施用大浓度乙烯利并适当通风；有机肥要充分腐熟后深施；化肥要随水冲施或埋施；避免使用挥发性强的氮素化肥；选用无毒的蔬菜专用塑料薄膜和塑料制品；设施内不堆放陈旧塑料制品及农药、化肥等；冬季加温时严禁漏烟；一旦发生气害，加大通风，不要滥施农药化肥。

三、改善土壤氧气供应

设施中作物进行光合作用释放出大量氧气，茎叶呼吸不会出现缺氧问题，而土壤中常常因浇水过量、空气过湿影响土壤水分蒸发、土壤过实等引起根系缺氧。通常采取的措施有：增施腐熟的有机肥，中耕松土，防止土壤板结；覆盖地膜,能保墒又能保持土壤疏松透气,但地膜间垄沟要定期中耕,室内浇水量要适当。

四、设施气调延缓作物衰老

借助气调机(气体发生器等)控制设施环境的 O_2 和 CO_2 浓度。在适宜的温度下,通过降低设施内 O_2 含量,提高 CO_2 的含量,抑制作物的呼吸,从而延缓作物的衰老。

 思考与交流

1. 设施内增加 CO_2 气体的方法主要有哪些?

2. 如何使用酸反应法增施 CO_2 气体,应注意哪些事项?

3. 如何预防设施内有害气体的发生?

项目六

设施土壤环境及其调控

【任务描述】

能阐述设施内土壤环境特征;掌握设施内花卉、蔬菜对土壤环境的要求;掌握合理施肥方法;能够进行无土栽培营养液管理。

【能力目标】

1. 能够对设施内土壤采取相应的调节与控制措施;

2. 能够掌握无土栽培技术。

【任务分析】

每4、5人为一个学习组,由一人负责,统筹安排查阅资料并整理,学习组一起讨论,围绕设施土壤环境调控制作汇报材料,期间提出存在的疑问,教师引导答疑。

【工作过程】

1. 资料查阅

学习组成员根据给定的工作任务在图书馆、互联网上搜索相关概念及设施土壤环境调控技术并整理。

2. 资料汇总,制作汇报材料

(1)将所搜集的材料按照类别进行汇总;

(2)指导学生了解当地设施土壤环境调控技术,制作完成汇报材料。

3. 汇报,交流

组织各组进行汇报、提问、交流。

【理论提升】

土壤是农作物赖以生存的基础。植物与动物的区别在于,植物拥有土壤中的另一半植物器官——根系,俗语讲"根深才能叶茂",而作物根系发育的好坏决定于其所处的土壤环境;农作物生长发育所需要的养分和水分,都需要从土壤中获得,所以,农业设施内的土壤条件的优劣,直接关系到作物的产量和品质。

任务一　园艺设施土壤环境特点及对作物生育的影响

露地土壤在自然环境的影响作用下，一般性状比较稳定，变化较小。但在设施内，由于缺少酷暑、严寒、雨淋、暴晒等自然条件的影响，加上栽培时间长、施肥多、浇水少、连作障碍等一系列栽培特点的影响，土壤性状就会发生不同程度的改变，其主要特点表现如下：

一、设施内土壤营养失衡

1）设施内地温、水分含量相对较高，土壤中微生物活动比较旺盛，这就加快了养分分解、转化的速度。如果施肥量不足或没有及时补充肥料，会引起作物出现缺素症状。

2）种植作物种类单一，长期单一或过量施用某种肥料，会破坏各元素间的浓度平衡关系，一方面影响到土壤中本不缺少的某种元素的吸收，使作物发生缺素症；另一方面过量施肥引起营养过剩，作物被动吸收导致体内各种养分比例不正常，甚至出现毒害现象，如植株根冠比失调，抗病虫害能力差，产品品质变劣等。

二、土壤次生盐渍化严重

土壤次生盐渍化：由于漫灌和只灌不排，导致土壤底层或地下水的盐分随毛管水上升到地表，水分蒸发后，使盐分积累在表层土壤中，当土壤含盐量太高（超过0.3%）时，形成盐碱灾害。

土壤盐渍化现象发生主要有两个原因：第一，过量施肥。第二，缺少降雨淋溶。

设施土壤N，P，K浓度变化与露地不同。设施内土壤有机质矿化率高，N肥用量大，淋溶少，所以残留量高；设施内土壤全P的转化率比露地高2倍，对P的吸收也明显高于露地；K的含量相对不足，N，P，K比例失衡，对作物生育不利。

三、土壤酸化

土壤酸化是由于N肥施用量过多，残留量大而引起的。土壤酸度的提高，制约根系对某些矿质元素（如磷、钙、镁等）的吸收，有利于某些病害（如青枯病）的发生，从而对作物产生间接危害。

四、土壤生物环境特点

1.设施土壤酶活性特点

设施连作土壤的过氧化氢酶、脲酶和转化酶的活性显著比露地或轮作土壤的低。

2.设施土壤微生物特点

有益真菌种类和数量减少，而有害真菌种类和数量增加。设施内环境温暖湿润,为一些土壤中的病虫害提供了越冬场所。如根结线虫、黄瓜枯萎病等一旦发生,就很难防治。

土壤细菌随着连作年限的增加数量急剧降低,但种类变化不大;土壤放线菌的变化不大;设施土壤微生物的多样性减少。

五、连作障碍

同一作物或近缘作物连作以后,即使在正常管理的情况下,也会产生产量降低、品质变劣、生育状况变差的现象,这就是连作障碍。造成土壤连作障碍的原因:土传病害、土壤次生盐渍化、自毒作用。

自毒作用是指某些植物通过根系分泌和植物残体腐解等途径释放一些物质,从而对同茬或下茬同种类或同科作物的生长产生抑制作用。

连作对作物产量存在影响,连作土壤随着连作年限的增加产量下降。连作对作物品质存在影响,对设施黄瓜连作和轮作的试验研究表明:随着连作的年限增加维生素 C 含量下降;但对于固形物、亚硝酸盐、含水量三项指标,连作和轮作之间没有差异。连作的具体危害性如下:

1.病虫害加重

设施连作后,由于其土壤理化性质以及光照、温湿度、气体的变化,一些有益微生物(铵化菌、硝化菌等)的生长受到抑制,而一些有害微生物迅速得到繁殖,土壤微生物的自然平衡遭到破坏,这样不仅导致肥料分解过程的障碍,而且病虫害发生多、蔓延快,且逐年加重,特别是一些常见的叶霉病、灰霉病、霜霉病、根腐病、枯萎病和白粉虱、蚜虫、斑潜蝇等基本无越冬现象,从而使生产者只能靠加大药量和频繁用药来控制,造成对环境和农产品的严重污染。

2.土壤次生盐渍化及酸化

设施栽培施药量大,加上常年或几乎常年覆盖改变了自然状态下的水分平衡,土壤长期得不到雨水充分淋浇。要是温度较高、土壤水分蒸发量大,下层土壤中的肥料和其他盐分会随着深层土壤水分的蒸发,沿土壤毛细管上升,最终在土壤表面形成一薄层白色盐分即土壤次生盐渍化现象。据有关部门测定,露地土壤盐分浓度一般在 3 000 mg/kg 左右,而大棚内经常可达7 000 ~ 8 000 mg/kg,有的甚至高达 20 000 mg/kg。同时由于过量施用化学肥料,土壤的缓冲能力和离子平衡能力遭到破坏而导致土壤 PH 值下降,即土壤酸化现象。造成土壤溶液浓度增加使土壤的渗透势加大,农作物种子的发芽、根系的吸水吸肥均不能正常进行。

3.植物自毒物质的积累

这是一种发生在种内的生长抑制作用,连作条件下土壤生态环境对植物生长有很大的影响,尤其是植物残体与病原物的代谢产物对植物有致毒作用,并连同植物根系分泌的自毒物质一起影响植株代谢,最后导致自毒作用的发生。

4. 元素平衡破坏

由于蔬菜对土壤养分吸收的选择性,单一茬口易使土壤中矿质元素的平衡状态遭到破坏,营养元素之间的拮抗作用常影响到蔬菜对某些元素的吸收,容易出现缺素症状,最终使生育受阻,产量和品质下降。

思考与交流

1. 造成设施土壤盐分浓度过高的主要原因有哪些?
2. 设施土壤酸化的主要原因有哪些?
3. 简述土壤连作障碍的概念及对作物生长发育的影响。

任务二 园艺作物与土壤环境的关系

土壤是植物进行生命活动的载体,植物根系生活于土壤中,从土壤中吸收所需的营养元素,水分和氧,只有当土壤满足植物对水、肥、气、热的要求时,植物才能生长发育良好。因此土壤也是十分重要的环境条件之一。

一、蔬菜与土壤环境的关系

土壤特性对蔬菜生长发育的影响是多方面的,其中主要包括土壤湿度、土壤气体、土壤理化性质、土壤生物、土壤温度等的影响。土壤对蔬菜作物有 3 项基本功能,固定和支持蔬菜根系及整个植株、供给蔬菜生育所需矿质营养、蓄存水分以满足蔬菜生育和蒸腾对水分的需要。

(一)土壤湿度及通气状况与蔬菜生长发育

土壤固、液、气三项的比例对植物生长发育影响极大,其中土壤水、气含量在很大程度上决定了植物根系代谢和土壤代谢,是蔬菜作物栽培中需要高度重视的因素。

1. 土壤湿度与蔬菜生长发育

土壤湿度通常用土壤含水量来表示,有 3 种表示方法:一是土壤绝对含水量;二是土壤相对含水量;三是土壤张力的负对数(pF 值)。

蔬菜生长发育需要有适宜的土壤水分,通常土壤相对含水量以 60% ~ 95% 为宜,过干或过湿对蔬菜作物生育不利。当然,不同蔬菜作物种类或同一蔬菜种类不同品种以及不同生育阶段对土壤水分的要求不尽相同。

土壤湿度高,土壤中气体空间小,氧气不足,蔬菜植株根系呼吸会出现障碍,从而影响根系对矿质营养的主动吸收及物质代谢,致使蔬菜生长不良,容易出现病害。

土壤湿度低,蔬菜根系生长缓慢,叶片气孔开放度减小或关闭,蒸腾速率下降,依赖蒸腾拉力的蔬菜根系矿质营养的被动吸收减弱,光合速率下降,光合产物合成代谢减缓。

2. 土壤通气状况与蔬菜生长发育

土壤通气状况直接关系到土壤中 O_2,CO_2 浓度,而土壤中 O_2,CO_2 浓度对蔬菜生长发育的影响主要体现在四个方面:影响蔬菜种子发芽;影响蔬菜根系生长;影响蔬菜光合作用及产量和品质;影响土壤养分状况及蔬菜养分的吸收。

(二)土壤理化特征与蔬菜生长发育

1. 土壤营养与蔬菜生长发育

蔬菜作物生长发育要求有充足的营养元素。在蔬菜的营养元素中,除了 C 主要由空气中的 CO_2 提供,H,O 主要由水分提供外,N,P,K,Ca,Mg,S 等大量元素及 Fe,Mn,B,Zn,Cu,Mo,Cl 等微量元素均作为土壤营养而由土壤提供。

蔬菜作物的不同种类以及同一种类的不同品种吸收养分的种类和数量不同,如多数蔬菜以吸收硝态氮为主,芹菜、甘蓝等个别蔬菜对硼素的吸收量较高,不同蔬菜种类及同一类不同品种吸收营养元素的差异主要由其自身选择性吸收特性所决定,蔬菜作物的这种选择吸收性差异是由遗传性决定的,当然也受所处的根际环境影响,根际养分充足在一定程度上能够促进根系的吸收。蔬菜作物对土壤中养分离子的吸收具有离子拮抗作用,所谓离子拮抗作用是指蔬菜吸收某一种离子时会影响对另一个或一些离子的吸收。

2. 土壤盐分浓度及酸碱度与蔬菜生长发育

设施蔬菜栽培条件下,常因施肥过多和连作严重,加之没有外界雨水冲刷和淋溶,从而使土壤中养分大量积累,土壤溶液浓度增高,形成所谓的土壤次生盐渍化。土壤盐分浓度高,会引起作物吸水困难、单盐毒害和离子拮抗等障碍,从而使作物矮小,生育不良,叶片颜色浓绿,有时表面像盖有一层蜡质,严重时叶缘开始枯干或变褐色向内外卷曲,根变褐以至枯死,最终导致作物产量显著降低,番茄果实变小,脐腐果增多等(Li,2000)。

土壤酸碱度通常用土壤溶液的 pH 来表示。土壤 pH 的大小主要影响土壤溶液中养分的状态,即养分的溶解或沉淀,以及植物对营养元素的吸收利用。

大多数温室种植的蔬菜作物,要求土壤微酸到中性,即 pH 6.0 ~ 7.0。但不同蔬菜作物种类要求土壤 pH 不同,菠菜、大蒜、菜豆、莴苣对土壤溶液 pH 的反应很敏感,实际上要求中性土壤;甜菜、胡萝卜和豌豆在弱酸性时生长良好;甘蓝、花椰菜、四季萝卜在土壤 pH 为 5.0 时生长仍相当好。

3. 土壤物理性质与蔬菜生长发育

蔬菜生长发育对土壤物理性质要求严格。通常要求土壤中固体、液体、气体三项比例为 40%、32%、28%，土壤质地为壤土，土壤容重为 $1.1 \sim 1.3 \ g/cm^3$，当土壤容重超过 $1.5 \ g/cm^3$ 时，根系生长受到抑制。同时土壤结构以团粒结构最佳，透气保水保肥。

土壤有机质含量高，不仅改善土壤的物理性质，还具有增加土壤微生物量、改善微生物区系，提高土壤的缓冲性等许多功效，同时还可以增加 CO_2 浓度，提高作物的产量和品质。

(三)土壤生物与蔬菜生长发育

土壤生物主要包括土壤微生物和土壤动物两大类。土壤微生物包括细菌、放线菌、真菌和藻类等类群；土壤动物一般指无脊椎动物，包括环节动物、节肢动物、软体动物、线性动物和原生动物。土壤生物包括有益生物和有害生物两类。

有益生物分解有机物质；参与腐殖质的合成与分解；促进植物的生长、参与土壤中的氧化还原反应；改善植物的营养状态。有害生物对蔬菜生长发育、产量和品质有不良影响，抑制蔬菜作物对营养的吸收；影响蔬菜作物的生长发育；引起植物的病害等。

(四)土壤其他因素与蔬菜生长发育

1. 连作障碍与蔬菜生长发育

随着设施蔬菜生产专业化的发展，设施内连续多年种植同种或同科的蔬菜作物，而且种植方法和种植模式基本固定，会出现设施内土壤传病虫害生物的积累、土壤理化性质恶化，以及土壤中植物根系自毒分泌物的积累，同时伴随土壤盐渍化、养分失衡，导致病虫害大量发生和蔬菜产量与品质下降。

解决这些问题，除了要通过合理施肥或改良土壤结构，还可通过微生物修复的方法来解除根际自毒物质，也可以通过嫁接栽培的方法来克服连作障碍。目前最为有效的办法是采用无土栽培技术。

2. 土壤污染与蔬菜生长发育

目前环境污染问题是人们非常关注的问题，各种污染来源严重影响土壤的质地。土壤的过度污染，超过自身净化和承受能力，就会打破土壤内部及其与外界环境的生态平衡，对动植物和人类生存造成危害。同时蔬菜农药化肥的大量使用，造成土壤肥力失衡和蔬菜品质下降，应该引起足够的重视。

二、花卉与土壤环境的关系

土壤是植物生命活动的场所，是花卉栽培的重要介质。土壤质地、物理性能和酸碱度都能影响花卉的生长发育。肥料是花卉植物生长发育的主要营养来源,不同的生长发育期,所需要的营养元素是不同的。生物肥料与土壤结合,产生更佳的效果。土壤通过微生物的发酵、分解作用,更容易将土壤内的大量元素和微量元素达到容易吸收的离子状态,有利于花卉的吸收。要了解土壤、肥料的性能,调节好土壤中的水分、营养、氧气和酸碱度,满足花卉的生长要求。

(一)花卉栽培需要的土壤

1. 土壤质量

花卉栽培的土壤质量要求质地疏松,含大量腐殖质,物理性状透气性好,有保肥、蓄水和排水性能,无病虫害和杂草种子。

露地花卉,根系能够自由伸展,对土壤的要求不太严格,只要求土壤深厚,并且通气和排水良好,有一定的肥力。

盆栽花卉,由于花盆的容量有限,根系伸展受到限制;不同的花卉种类,需不同的栽培基质,所以,在栽培中必须人工配制营养土,以满足花卉生长发育的需要。

配制营养土的材料通常有腐殖质土、田园土、厩肥、河沙、泥炭、木屑等。营养土的类型很多,它们是根据各花卉种类不同,将所需的材料按照一定的比例配制而成。常用配制营养土的土料主要有以下几类。

(1)草炭土

草炭土是草本植物埋藏地表层多时,经多年的风吹日晒,风化分解肢体,形成疏松的有机土层结构物体,呈褐色,pH 5~6。腐殖质颗粒比较粗,透气性较强,持水能力强,是工厂化育苗营养土的主料,也是球根花卉、宿根花卉、肉质根花卉营养土的主料。主要产于东北三省。

(2)田园土

田园土为菜园中或者田园耕作地的表层熟化的壤质土。这一类土料物理性状结构疏松,透气、保肥、保水、排水效果好,是配制营养土的主要土料。因地区不同土壤酸碱度有差异。

(3)腐叶土

草炭土需购置,运输交通不便时可人工制作腐叶土。秋季收集阔叶树落叶,叶片不含蜡质层,与土壤分层堆积,腐熟发酵后即可使用的土料。腐叶土具有丰富的腐殖质,疏松肥沃,排水性能良好,具有较好的保水和保肥能力,土壤pH 5~7。

(4)松针土

针叶树林下面落叶相对腐熟的松针土。松针纤维长,疏松而质地轻,pH 5~6.5。

人工收集松针可放入塑料袋内,加水放到太阳下晒,松针在高温多水状态下尽快腐熟,不腐熟者不可用,松针油脂腺体多,培土前一定要腐熟透彻否则烧根。松针土可栽培杜鹃、茉莉、栀子、瑞香等喜酸性花卉。

(5)河沙面沙土

河沙是河床被冲刷的冲积土。面沙是河床两岸的风积土。这两种土料通气透水,不含肥力,洁净,土壤酸碱度中性。春季土温上升快,宜于发芽出苗,保肥力差,易受干旱。常作扦插苗床或栽培仙人掌和多浆类植物营养土配置使用。

(6)水苔

水苔是一种天然的苔藓,属苔藓科植物,又名泥炭藓。生长在海拔较高的山区,热带、亚热带的潮湿地或沼泽地,长度一般在 8~30 cm。水苔体质十分柔软并且吸水力极强,具有保水时间较长和透气的特点,pH 5~6。水苔是蝴蝶兰栽培理想的基质。

2.土壤的酸碱度(pH)

土壤酸碱度是指土壤中的 H^+ 离子浓度,用 pH 表示,土壤大多在 4~9 之间。我国从南到北土壤质地的结构和酸碱度不同,也就造就了适应不同土壤酸碱度的花卉植物。花卉栽培中,土壤酸碱度能提高花卉植物营养元素吸收的有效性。由于各种花卉对土壤酸碱度有着不同的要求,可根据花卉对土壤的酸碱度反应分为三大类。

1)碱性土壤。这一类花卉在土壤 pH7.5 以上,土壤酸碱度过酸均影响花卉的生长。如香石竹、丝石竹、香豌豆、非洲菊、天竺葵、怪柳、蜀葵等。

2)酸性土壤。这一类花卉在土壤 pH4~5 之间生长良好。碱性土壤影响铁离子吸收,使花卉缺铁叶片发黄。如杜鹃、兰科花卉、栀子花、茉莉、山茶、桂花等。

3)中性土壤。这一类花卉在土壤 pH6.5~7.5 之间生长良好。土壤过酸过碱均影响花卉的生长。如月季花、菊花、牡丹花、芍药花、一串红、鸡冠花、凤仙花、君子兰、仙客来等。

(二)花卉栽培所需要的肥料

肥料是花卉栽培重要的营养食粮。肥料的性质、肥料的使用量和花卉生长发育阶段恰当、适用尤为重要。如果使用不合理则达不到预期效果。

1.主要肥料元素对花卉生长发育的作用

(1)氮肥

氮肥主要是促使树木茂盛,增加叶绿素,加强营养生长。氮肥太多会导致组织柔软、茎叶徒长,易受病虫侵害,耐寒能力降低。缺少氮肥则植株瘦小,叶片黄绿,生长缓慢,不能开花。

氮肥有动物性氮肥和植物性氮肥:人粪尿,马、牛、羊、猪等粪便,鱼肥、马掌等属动物性氮肥;芝麻渣、豆饼、菜籽饼、棉籽饼等属植物性氮肥。以上两类均系有机肥料。矿物质氮肥亦即无机肥或称化肥。硫酸氨、硝酸氨、尿素、氨水等,均为速效氮肥,通常用作根外追肥,如经常用作根部施肥易使土壤板结。

(2)磷肥

磷肥能使树木茎枝坚韧,促使花芽形成,花大色艳,果实早熟,并能使树木生长发育良好,多发新根,提高抗寒、抗旱能力。磷肥不足树木生长缓慢,叶小、分枝或分蘖减少,花果小,成熟晚,下部叶片的叶脉间先黄化而后呈现紫红色。缺磷时通常老叶先出现病症。

(3)钾肥

钾肥能使树木茎杆强健,提高抗病虫、抗寒、抗旱和抗倒伏的能力,促使根部发达,球根增大,并能促使果实膨大,色泽良好。缺钾会导致树木叶缘出现坏死斑点,最初下部老叶出现斑点,叶缘叶尖开始变黄,继之发生枯焦坏死。钾肥过量,会引起树木节间缩短,全株矮化,叶色变黄,甚至枯死。

(4)微量元素

微量元素因为所需的量非常微小,所以一般花卉生长中很少出现缺微量元素的现象,但偶尔也会出现,如山茶、栀子、茉莉等常因缺乏铁、锰、镁等元素,而产生失绿现象。其他如铜、钙、锌等,能促进花卉的生长发育,增强花卉对病虫害及过干、过旱等不良环境的抵抗能力。

2. 主要的花卉用肥

(1)厩肥

厩肥是指家养牲畜的厩肥,氮、磷、钾及微量元素全面的完全肥料。厩肥在花卉栽培中除作营养土配置之外,一般用于露地栽培、鲜切花栽培的基肥使用。其浸出液也可作为追肥使用,但必须发酵腐熟后方可使用。

(2)骨粉肥

骨粉肥是一种富含磷质的肥料,也是一种迟效性肥料,与其他肥料混合发酵使用更好,作为基肥使用,可提高花卉品质及加强花茎强度,效果明显。

(3)饼肥

饼肥是油料的种子经榨油后剩下的残渣,这些残渣可直接作肥料施用。饼肥的种类很多,其中主要的有豆饼、菜子饼、麻子饼、棉子饼、花生饼、桐子饼、茶子饼等。饼肥的养分含量,因原料的不同,榨油的方法不同,各种养分的含量也不同。含有氮、磷、钾营养元素,需要腐熟才能使用。一般用作基肥,也可作为追肥使用。

（4）复合肥

复合肥是指无机肥料的综合肥。一般适用于各种盆栽花卉的追肥，颗粒使用或配制成稀薄溶液使用。

（5）过磷酸钙

又称普通过磷酸钙，简称普钙，是用硫酸分解磷矿直接制得的磷肥，属于水溶性速效磷肥。可作为基肥使用，也可以作为追肥使用，一般应该稀释100倍，在开花前使用，有利于开花。

（6）草木灰

草木灰是指被燃烧的柴草灰肥，是一种钾肥，肥效较高，但易使土壤固结。可拌入营养土中使用，也可拌入苗床使用，以利起苗。

3．施肥方法

花卉的施肥是很细致的工作，不同的花卉有不同的要求，所以花卉的施肥必须根据花卉的种类、不同的生长发育阶段、不同的季节采用不同的施肥方法。花卉栽培中常用的施肥方法主要有以下三种。

（1）基肥

一些草本花卉、木本花卉、球根花卉、宿根花卉都要施基肥，因为生长时间长，所以每年冬季必须施基肥，以供来年生长发育之需。球根花卉可在球根下种时施足基肥，以供抽芽开花及长新球之需。基肥一般多施用迟效性的有机肥料，施肥时间多在春季种植前或秋冬季节落叶以后。

（2）追肥

一般花卉除施基肥外还需施追肥。追肥多为速效性的液体肥料，在其生长所需的时候施用。如开花之前追施磷肥，开花后追施氮肥，春季萌动时追施完全肥料。追肥的次数每月1次或每两周1次。浓度一般为1:1或1.0:1.2或1.0:1.5，浓度过大易烧根。

（3）根外追肥

根外追肥就是将稀释为一定浓度的肥料向植株叶面喷洒，被叶面及枝干吸收后运转到体内，一般在花卉植株生长高峰时期在体外喷洒1%的过磷酸钙或2%的尿素溶液，每7天喷一次，这样能使植株生长健壮，叶色浓而肥厚，花色鲜艳，花朵大，花期长。

■■■ **思考与交流**

1．蔬菜作物对土壤养分有哪些要求？

2．生产中常用的花卉肥料有哪些？

3．土壤酸碱度（pH值）在生产上有什么意义？

任务三 设施土壤环境的调控技术

保持良好的土壤性状,是设施农业生产的首要基础,更是提高设施生产持久经济效益的重要条件。针对设施土壤环境特点,坚持"用养结合"的原则,采取综合调控措施,切实提高土壤使用效益。

一、科学施肥

配方施肥:在施用有机肥的基础上,根据作物的需肥规律、土壤供肥特征和肥料的有效性,给出氮、磷、钾和微量元素肥料的适宜用量以及相应的施肥技术。

1.测土施肥

定期测量土壤中各元素的有效浓度,并结合作物需肥规律确定是否施肥及施肥量大小,避免盲目施肥。

2.增施有机肥

有机肥中含有各种蔬菜生长所需的营养成分,能够全面补充营养,且各元素释放缓慢,不会发生营养过剩危害。此外,有机肥中含有大量微生物,能促使被土壤固定的营养元素释放出来,从而增加土壤中的有效营养成分。

3.根据肥料特性施肥,多种肥料配合施肥

氮肥的当年利用率只有30%~40%,残留较多,且多为水溶性氮,应测土配方,防止过量造成危害;施肥时应施基肥、追肥并重。磷肥易被土壤固定,且当年利用率低,应以基肥为主,集中深施,可隔年施用。钾肥在缺钾地块利用率高,并以基肥为主、追肥为辅,且施于表土下,减少被土壤固定。此外,氮、磷、钾肥配合施用,可提高肥效,避免营养失调。

二、合理灌溉

选择合适的灌溉方法;确定最佳的灌水时期以及灌水量。温室内灌水时浇足灌透,将表土积聚的盐分下淋,减轻根系周围的盐害。另外在温室种植畦内覆盖地膜、稻草等,可减少土壤水分蒸发,降低盐分上升速度。加强中耕松土,切断土壤毛细管,避免盐分随水分上移至土壤表面。

三、实行必要的休耕

对于土壤盐渍化严重的设施,应当安排适当时间进行休耕,以改善土壤的理化性质。在冬闲时节深翻土壤,使其风化,夏闲时节则深翻晒土壤。

四、灌水洗盐

一年中选择适宜的时间(最好是多雨季节),解除大棚顶膜,使土壤接受雨水的淋洗,将土壤表面或表土层内的盐分冲洗掉。必要时,可在设施内灌水洗

盐。这种方法对于安装有洗盐管道的连栋大棚来说更为有效。

五、更换土壤

对于土壤盐渍化严重,或土壤传染病害严重的情况下,可采用更换客土的方法。当然,这种方法需要花费大量劳力,一般是在不得已的情况下使用。

六、严格轮作

轮作是指按一定的生产计划,将土地划分成若干个区,在同一区的菜地上,按一定的年限轮换种植几种性质不同的作物的制度,常称为"换茬"或"倒茬"。

可以将有同种严重病虫害的作物进行轮作,如马铃薯、黄瓜、生姜等需间隔2~3年,茄果类3~4年,西瓜、甜瓜5~6年,长江流域推广的粮菜轮作、水旱轮作可有效控制病害(如青枯病、枯萎病)的发生;可将深根性与浅根性及对养分要求差别较大的作物实行轮作,如消耗氮肥较多的叶菜类可与消耗磷钾肥较多的根、茎菜类轮作,根菜类、茄果类、豆类、瓜类(除黄瓜)等深根性蔬菜与叶菜类、葱蒜类等浅根性蔬菜轮作。

七、土壤消毒

1.药剂消毒

根据药剂的性质,有的灌入土壤,也有的洒在土壤表面。

使用时应注意药品的特性:

1)甲醛(40%),福尔马林,使用的浓度50~100倍。使用时先将温室或苗床内土壤翻松,然后用喷雾器均匀喷洒在地面上再稍翻一下,使耕作层土壤都能沾着药液,并用塑料薄膜覆盖地面保持2天以后揭膜,打开门窗,使甲醛散发出去,两周后才能使用。

2)氯化苦,主要用于防治土壤中的线虫。将床土堆成高30 cm的长条,每30 cm² 注入药剂3~5 mL至地面下10 cm处,之后用薄膜覆盖7d(夏)到10 d(冬),以后将薄膜打开放风10 d(夏)到30 d(冬),待没有刺激性气味后再使用。该药剂对人体有毒,使用时要开窗,使用后密闭门窗保持室内高温,能提高药效,缩短消毒时间。

3)硫磺粉,用于消灭白粉病菌、红蜘蛛等,一般在播种前或定植前2~3 d进行熏蒸,熏蒸时要关闭门窗,熏蒸一昼夜即可。

2.蒸汽消毒

蒸汽消毒是土壤热处理消毒中最有效的方法,大多数土壤病原菌用60℃蒸汽消毒30 min即可杀死,但对TMV(烟草花叶病毒)等病毒,需要90℃蒸汽消毒10 min。多数杂草的种子,需要80℃左右的蒸汽消毒10 min才能杀死。

利用高温蒸汽杀死土壤中的病菌和虫卵,优点:无污染和残毒;缺点:能耗较大,成本高。

过程:

| 翻松土壤 | → | 覆盖 | → | 密封 | → | 通入蒸汽 | → | 冷却 | → | 定植 |

3. 太阳能土壤消毒

简称太阳能消毒,是指在高温季节通过较长时间覆盖塑料薄膜来提高土壤温度,以杀死土壤中包括病原菌在内的许多有害生物。太阳能消毒一改人们在寒冷季节用塑料薄膜给植物保温的传统,将之用于植物土传病害的防治并取得理想的效果,为植物保护提供了新的视角和活力。由于它具有效果显著、经济简单、对生态友好等诸多优点,其研究和应用日益受到人们的重视。

太阳能消毒的应用方法比较简单,一般是选择好时间后(太阳能消毒一般选在7,8,9月份的高温晴好天气,通过覆盖薄膜,地温升高达50℃以上,温室大棚内,进行密闭闷棚时,气温也可高达50℃以上,地温则更高。在一年中最热的时间里,太阳热处理6~8周对大多数土壤病虫均有防治效果。在较低温度时,需经3个月时间,才能达到一定的消毒效果),将土地翻耕平整,浇足量的水使之湿润,然后覆盖透明塑料薄膜,并保持1~2月的时间。如果该地采用的是滴灌系统,浇水可以在盖膜以后进行,开始浇至湿润,以后每3~6d浇一次。

要取得对病害较好的控制效果,需考虑以下因素:

1)在气温较高太阳辐射较强烈的季节给土壤覆盖薄膜;

2)保持土壤湿润以增加病原休眠结构的热敏性和热传导性能;

3)用最薄的透明塑料薄膜(25~30 μm),以减少花费,增强效果;

4)如有可能,结合生防或其他措施。太阳能消毒对土传病害能够起到防治作用,是由于处理的土壤温度剧烈上升,杀死土中病原所致。显然,温度是太阳能消毒的最直观原因。通常在处理的土下30 cm内,土温为36~50℃,比对照高7~12℃。

八、嫁接

嫁接作为植物在园艺中所使用的其中一种繁殖方法,对一些不产生种子的果木(如柿,柑橘的一些品种)的繁殖意义重大。嫁接既能保持接穗品种的优良性状,又能利用砧木的有利特性,达到早结果、增强抗寒性、抗旱性、抗病虫害的能力,还能经济利用繁殖材料、增加苗木数量。常用于果树、林木、花卉的繁殖上;也用于瓜类蔬菜育苗上。

采用抗病力强的野生种做砧木,与栽培品种进行嫁接,增强栽培品种的抗性,降低一些土传病害的发生。如对瓜类的枯萎病效果较好。

九、采用无土栽培技术

无土栽培:指不用土壤栽培作物,而将作物通过一定的设施形式,用营养液或营养液加固体基质进行栽培的方法。

无土栽培具有产量高,品质优,效益大;节省肥、水用量;防止土壤连作病害及土壤盐分积累造成的生理障碍;栽培地点的选择受土壤、地形的局限较小,极大地提高了土地利用率;有利于向机械化、自动化、现代化的管理方向发展的特点。

思考与交流

1. 设施土壤调控的主要措施有哪些?

2. 科学施肥需要从哪几个方面考虑?

3. 土壤消毒有哪些方法?

任务四　无土栽培技术

一、无土栽培概况

无土栽培(soilless culture)是指不用土壤,用其他东西培养植物的方法,包括水培、雾(气)培、基质栽培。19世纪中叶,W·克诺普等发明了这种方法。到20世纪30年代开始把这种技术应用到农业生产上。在21世纪人们进一步改进技术,使得无土栽培发展起来(见图6-1)。

无土栽培是用人工配制的培养液,供给植物矿物营养的需要。无土栽培是一种不用天然土壤而采用含有植物生长发育必需元素的营养液来提供营养,使植物正常完成整个生命周期的栽培技术。在无土栽培技术中,能否为植物提供一种比例协调,浓度适量的营养液,是栽培成功的关键。

图6-1　设施无土栽培

为使植株得以竖立,可用石英砂、蛭石、泥炭、锯屑、塑料等作为支持介质,并可保持根系的通气。灯芯式无土栽培如图 6-2 所示。多年的实践证明,大豆、菜豆、豌豆、小麦、水稻、燕麦、甜菜、马铃薯、甘蓝、叶莴苣、番茄、黄瓜等作物,无土栽培的产量都比土壤栽培的高。由于植物对养分的要求因种类和生长发育的阶段而异,所以配方也要相应地改变,例如叶菜类需要较多的氮素(N),N 可以促进叶片的生长;番茄、黄瓜要开花结果,比叶菜类需要较多的 P,K,Ca,需要的 N 则比叶菜类少些。生长发育时期不同,植物对营养元素的需要也不一样。苗期的番茄培养液里的 N,P,K 等元素可以少些;长大以后,就要增加其供应量。夏季日照长,光强、温度都高,番茄需要的 N 比秋季、初冬时多。在秋季、初冬生长的番茄要求较多的 K,以改善其果实的质量。培养同一种植物,在它的一生中也要不断地修改培养液的配方。

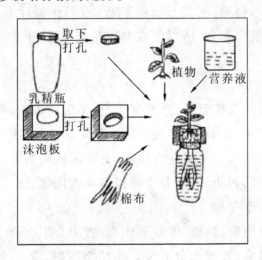

图 6-2 灯芯式无土栽培

无土栽培所用的培养液可以循环使用。配好的培养液经过植物对离子的选择性吸收,某些离子的浓度降低得比另一些离子快,各元素间比例和 pH 值都发生变化,逐渐不适合植物需要。所以每隔一段时间,要用 NaOH 或 HCl 调节培养液的 pH,并补充浓度降低较多的元素。由于 pH 和某些离子的浓度可用选择性电极连续测定,所以可以自动控制所加酸、碱或补充元素的量。但这种循环使用不能无限制地继续下去。用固体惰性介质加培养液培养时,也要定期排出营养液,或用点灌培养液的方法,供给植物根部足够的氧。当植物蒸腾旺盛的时候,培养液的浓度增加,这时需补充些水。无土栽培成功的关键在于管理好所用的培养液,使之符合最优营养状态的需要。

无土栽培中营养液成分易于控制,而且可以随时调节。在光照、温度适宜而没有土壤的地方,如沙漠、海滩、荒岛,只要有一定量的淡水供应,便可进行。大都市的近郊和家庭也可用无土栽培法种蔬菜花卉。

无土栽培主要具有以下优点：

1. 节约用水

据科研部门在北京地区秋季进行的大棚黄瓜无土栽培试验，46 天中浇水（营养液）共 21.7 m^3。若进行土培，46d 中至少浇水 5～6 次，需用 50～60 m^3 的水，统计结果，节水率为 50～66.7%，节水效果非常明显，是发展节水型农业的有效措施之一。无土栽培不但省水，而且省肥，一般统计认为土栽培养分损失比率约 50% 左右，我国农村由于科学施肥技术水平低，肥料利用率更低，仅 30%～40%，一半多的养分都损失了。在土壤中肥料溶解和被植物吸收利用的过程很复杂，不仅有很多损失，而且各种营养元素的损失不同，使土壤溶液中各元素间很难维持平衡。而无土栽培中，作物所需要的各种营养元素，是人为配制成营养液施用的，不仅不会损失，而且保持平衡，根据作物种类以及同一作物的不同生育阶段，科学地供应养分，所以作物生长发育健壮，生长势强，增产潜力可充分发挥出来。

2. 清洁卫生

无土栽培施用的是无机肥料，没有臭味，也不需要堆肥场地。土栽培施有机肥，肥料分解发酵，产生臭味污染环境，还会使很多害虫的卵孳生，危害作物，无土栽培则不存在这些问题。尤其室内种花，更要求清洁卫生，一些高级旅馆或宾馆，过去施用有机花肥，污染环境，是个难以解决的问题，无土养花便迎刃而解。

3. 省力省工、易于管理

无土栽培不需要中耕、翻地、锄草等作业，省力省工。浇水追肥同时解决，由供液系统定时定量供给，管理十分方便。土培浇水时，要一个个地开和堵畦口，是一项劳动强度很大的作业，无土栽培则只需开启和关闭供液系统的阀门，大大减轻了劳动强度。一些发达国家，已进入微电脑控制时代，供液及营养液成分的调控，完全用计算机控制，几乎与工业生产的方式相似。

4. 避免土壤连作障碍

设施栽培中，土壤极少受自然雨水的淋溶，水分养分运动方向是自下而上。土壤水分蒸发和作物蒸腾，使土壤中的矿质元素由土壤下层移向表层，长年累月、年复一年，土壤表层积聚了很多盐分，对作物有危害作用。尤其是设施栽培中的温室栽培，一经建设好，就不易搬动，土壤盐分积聚以及多年栽培相同作物，造成土壤养分平衡，发生连作障碍，一直是个难以解决的问题。在万不得已情况下，只能用耗工费力的"客土"方法解决。而应用无土栽培后，特别是采用水培，则从根本上解决了此问题。土传病害也是设施栽培的难点，土壤消毒，不仅困难而且消耗大量能源,成本不可观,且难以消毒彻底。若用药剂消毒既缺乏高效药品,同时药剂有害成分的残留还危害健康,污染环境。无土栽培则是避免或从根本上杜绝土传病害的有效方法。

5. 不受地区限制、充分利用空间

无土栽培使作物彻底脱离了土壤环境,因而也就摆脱了土地的约束。耕地被认为是有限的、最宝贵的、又是不可再生的自然资源,尤其对一些耕地缺乏的地区和国家,无土栽培就更有特殊意义。无土栽培进入生产领域后,地球上许多沙漠、荒原或难以耕种的地区,都可采用无土栽培方法加以利用。此外,无土栽培还不受空间限制,可以利用城市楼房的平面屋顶种菜种花,无形中扩大了栽培面积。

6. 有利于实现农业现代化

无土栽培使农业生产摆脱了自然环境的制约,可以按照人的意志进行生产,所以是一种受控农业的生产方式。较大程度地按数量化指标进行耕作,有利于实现机械化、自动化,从而逐步走向工业化的生产方式。在奥地利、荷兰、前苏联、美国、日本等都有水培"工厂",是现代化农业的标志。

二、无土栽培的分类

蔬菜无土栽培是当今世界上最先进的栽培技术,由于无土栽培比有土栽培具有许多优点,因此近几年来无土栽培面积发展呈直线上升趋势。一般无土栽培的类型主要有水培、岩棉培和基质培三大类。为了让大家进一步了解各类无土栽培的生产特点,现首先将叶菜类蔬菜水培技术进行系统介绍。

(一)水培

水培是指植物根系直接与营养液接触,不用基质的栽培方法(见图 6-3)。最早的水培是将植物根系浸入营养液中生长,这种方式会出现缺 O_2 现象,影响根系呼吸,严重时造成根系死亡。为了解决供 O_2 问题,英国 Cooper 在 1973 年提出了营养液膜法的水培方式,简称"NFT"(Nutrient Film Technique)。它的原理是使一层很薄的营养液(0.5~1 cm)层,不断循环流经作物根系,既保证不断供给作物水分和养分,又不断供给根系新鲜 O_2。NFT 法栽培作物,灌溉技术大大简化,不必每天计算作物需水量,营养元素均衡供给。根系与土壤隔离,可避免各种土传病害,也无需进行土壤消毒。

此方法栽培植物直接从溶液中吸取营养,相应根系须根发达,主根明显比露地栽培退化。例如,黄瓜无限型生长,主蔓可达 10~15 m 主根根系 45 cm。

营养液的成分包括大量元素:N,P,K,Ca,Mg,S;微量元素:Fe,Zn,Mn,B,

Mo，Cl。大量元素一般用化肥，如磷酸二铵、KH_2PO_4、磷酸铵、硝酸铵、硫酸钾、氯化钾、磷酸钙、硫酸钙等。微量元素则靠化学试剂配制。

图6-3　水培花卉

营养液的酸碱度：大多数植物的根系在 pH 5.5～6.5 的弱酸性范围内生长最好，如 pH 不适则根端发黄坏死，叶片失绿。在循环营养液系统中每天都要测定和调整 pH 值。调酸最好用硝酸和磷酸配合使用。

营养液的浓度：营养液的总浓度关系到溶液的渗透压大小，一般用电导度表示。生产中循环使用的营养液由于作物吸收和蒸发，溶液浓度不断发生变化，应经常使用电导仪进行测量，及时修正。番茄营养液电导度一般控制在2～3 mS/cm，黄瓜在 1.6～2.0 mS/cm，甜椒在 2.0 mS/cm，茄子在2.5 mS/cm，莴苣在 1.4 mS/cm。

下面以叶菜类水培为例简单地介绍叶菜类水培的意义及其基础设施结构。

1. 叶菜类水培的意义

绝大多数叶菜类蔬菜采用水培方式进行，其原因如下：

1）产品质量好。叶菜类多食用植物的茎叶，如生菜、菊苣这样的叶菜还以生食为主，这就要求产品鲜嫩、洁净、无污染。土培蔬菜容易受污染，沾有泥土，清洗起来不方便，而水培叶菜类比土培叶菜质量好，洁净、鲜嫩、口感好、品质上乘。

2）适应市场需求。可在同一场地进行周年栽培。叶菜类蔬菜不易贮藏，但为了满足市场需求，需要周年生产。土培叶菜倒茬作业繁琐，需要整地作畦，定植施肥，浇水等作业，而无土栽培换茬很简单，只需将幼苗植入定植孔中即可，例如生菜，一年365d 天天可以播种、定植、采收，不间断地连续生产。所以水培方式便于茬口安排，适合于计划性、合同性生产。

3）解决蔬菜淡季供应的良好生产方式。叶菜类一般植株矮小，无需要增加支架设施，故设施投资小于果菜类无土栽培。水培蔬菜生长周期短，周转快。水培方式又属设施生产,一般不易被台风所损坏。沿海地区台风季节能供应新鲜蔬菜的农户往往可以获得较高利润。

4)不需中途更换营养液,节省肥料。由于叶菜类生长周期短,如果中途无大的生理病害发生,一般从定植到采收只需定植时配一次营养液,无需中途更换营养液。果菜类由于生长期长,即使无大的生理病害,为保证营养液养分的均衡,则需要半量或全量更新营养液。

5)经济效益高。水培叶菜可以避免连作障碍,复种指数高。设施运转率一年高达 20 茬以上,生产经济效益高。为此一般叶菜类蔬菜常采用水培方式进行。

2.水培基础设施结构

北京蔬菜研究中心通过引进,参考国外水培设施,结合我国现实经济水平已研究开发出 DFT 式水培设施。此设施由营养液槽、栽培床、营养液系统三部分组成,现分别介绍如下。

(1)营养液槽

营养液槽是贮存营养液的设备,一般用砖和水泥砌成水槽置于地下。因这种营养液槽容量大,无论是冬季还是夏季营养液的温度变化不大。但使用营养液槽必须靠泵的动力加液,因此必须在有电源的地方才能使用。营养液槽的容积,一般 667 m² 的水培面积,需要 5~7t 水的标准设计,具体宽窄可根据温室地形灵活设计。营养液槽的施工是一项技术性较强的工作。一般用砖和水泥砌成,也可用钢筋水泥筑成。为了使液槽不漏水,不渗水和不返水,施工时必须加入防渗材料,并于液槽内壁涂上除水材料。除此之外为了便于液槽的清洗和使水泵维持一定的水量,在设计施工中应在液槽的一角放水泵之处做一个 20 cm 见方的小水槽,以便于营养液槽的清洗。

(2)栽培床

栽培床是作物生长的场地,是水培设施的主体部分。作物的根部在床上被固定并得到支撑,从栽培床中得到水分、养分和氧气。栽培床由床体和定植板(也称栽培板)两部分组成。

床体:床体是用来盛营养液和栽植作物的装置。栽培床床体由聚苯材料制成。床体规格有两种,一种是长 75 cm,宽 96 cm,高 17 cm;另一种是长 100 cm,宽 66 cm,高 17 cm。两种规格根据温室跨度搭配使用。这种聚苯材料的床体具有重量轻,便于组装等特点,使用寿命长达 10 年以上。为了不让营养液渗漏和保护床体,里面铺一层厚 0.15 mm,宽 1.45 m 的黑膜。

栽培板:栽培板用以固定根部,防止灰尘侵入,挡住光线射入,防止藻类产生并保持床内营养液温度的稳定。栽培板也是由聚苯板制成,长 89 cm,宽 59 cm,

厚3 cm,上面排列直径3 cm 的定植孔,孔的距离为8 cm×12 cm。可以根据不同作物需要自行调整株行距。栽培板的使用寿命也在10年以上。

3.营养液系统,包括加液系统、排液系统和循环系统

水培设施的给液,一般是由水泵把营养液抽进栽培床。床中保持5~8cm深的水位,向栽培床加液的设施由铁制或塑料制的加液主管和塑料制的加液支管组成,塑料支管上每隔1.5 m 有直径3 mm 小孔。营养液从小孔中流入栽培床。营养液循环途径是营养液由水泵从营养液槽抽出,经加液主管、加液支管进入栽培床,被作物根部吸收。高出排液口的营养液,顺排液口通过排液沟流回营养液槽,完成一次循环。

适宜水培的叶菜品种很多,北京蔬菜研究中心经试验成功适宜水培的叶菜品种有生菜、菊苣、芥蓝、菜心、油菜、小白菜、薹菜、大叶芥菜、羽衣甘蓝、紫背天葵、豆瓣菜、水芹、芹菜、三叶芹、苋菜、细香葱,马铃薯等。

(二)雾培

又称气增或雾气培。它是将营养液压缩成气雾状而直接喷到作物的根系上,根系悬挂于容器的空间内部。通常是用聚丙烯泡沫塑料板,其上按一定距离钻孔,于孔中栽培作物。两块泡沫板斜搭成三角形,形成空间,供液管道在三角形空间内通过,向悬垂下来的根系上喷雾。一般每间隔2~3min 喷雾几秒钟,营养液循环利用,同时保证作物根系有充足的氧气。但此方法设备费用太高,需要消耗大量电能,且不能停电,没有缓冲的余地,还只限于科学研究应用,未进行大面积生产,因此最好不要用此方法。此方法栽培植物机理同水培,因此根系状况同水培。

(三)基质栽培

基质栽培是无土栽培中推广面积最大的一种方式。它是将作物的根系固定在有机或无机的基质中,通过滴灌或细流灌溉的方法,供给作物营养液。栽培基质可以装入塑料袋内,或铺于栽培沟或槽内。基质栽培的营养液是不循环的,称为开路系统,这可以避免病害通过营养液的循环而传播。

基质栽培缓冲能力强,不存在水分、养分与供O_2之间的矛盾,且设备较水培和雾培简单,甚至可不需要动力,所以投资少、成本低,生产中普遍采用。从我国现状出发,基质栽培是最有现实意义的一种方式。常见的基质栽培材料如下:

(1)岩棉

以玄武岩、辉绿岩为主要原料,经1 500℃以上高温熔融制成的人造无机纤维,直径0.05 mm。岩棉一般呈碱性,使用时需用弱酸调至pH 5.8,如pH<4.0则结构被破坏融解。

辉绿岩与20%石灰石和20%的焦碳混合后,在1 600℃的高温下煅烧熔化,再喷成直径为0.005 mm的纤维,而后冷却压成板块或各种形状。岩棉的优点是可形成系列产品(岩棉栓、块、板等),使用搬运方便,并可进行消毒后多次使用。但是使用几年后就不能再利用,废岩棉的处理比较困难,在使用岩棉栽培面积最大的荷兰,已形成公害。所以,日本有些人主张开发利用有机基质,使用后可翻入土壤中做肥料而不污染环境。此种方法因为有有机基质的参与,实际操作中可能会见到主根的长度比一般无土栽培可能长,但是就黄瓜的表现来看,主根一般不超过60 cm。

(2)珍珠岩

惰性稳定,质轻;持水量决定于颗粒大小,颗粒越大,持水量越高,多数情况下气多水少,它与草炭混合是较好的育苗基质。

(3)蛭石

次生云母矿经1 000℃以上高温处理后的产品。质轻,通气性和保湿性强,具有良好的缓冲性。

(4)泥炭

由半分解的水生、沼泽湿地生的苔藓植被组成,一般呈酸性,pH在3.8~4.5,使用时需掺入少量石灰。泥炭的吸收量大,通气性取决于颗粒的大小,常用的颗粒大于1 mm。

三、技术要点

不论采用何种类型的无土栽培,几个最基本的环节必须掌握,无土栽培时营养液必须溶解在水中,然后供给植物根系。基质栽培时,营养液浇在基质中,而后被作物根系吸收。所以对水质、营养液和所用的基质的理化性状,必须有所了解。

(一)水质

水质与营养液的配制有密切关系。水质标准的主要指标是电导度(EC),pH值和有害物质含量是否超标。

电导度(EC)是溶液含盐浓度的指标,通常用毫西门子(mS)表示。各种作物耐盐性不同,耐盐性强的(EC = 10 mS)如甜菜、菠菜、甘蓝类;耐盐中等的(EC = 4 mS)如黄瓜、菜豆、甜椒等。无土栽培对水质要求严格,尤其是水培,因为它不象土栽培具有缓冲能力,所以许多元素含量都比土壤栽培允许的浓度标准低,否则就会发生毒害,一些农田用水不一定适合无土栽培,收集雨水做无土栽培是很好的方法。无土栽培的水,pH值不要太高或太低,因为一般作物对营养液pH值的要求以中性为好,如果水质本身pH值偏低或偏高,就要用酸或碱进行调整,既浪费药品又费时费工。

(二)营养液

营养液是无土栽培的关键,不同作物要求不同的营养液配方。世界上发表的配方很多,但大同小异,因为最初的配方本源于对土壤浸提液的化学成分分析。营养液配方中,差别最大的是其中氮和钾的比例。

配制营养液要考虑到化学试剂的纯度和成本,生产上可以使用化肥以降低成本。配制的方法是先配出母液(原源),再进行稀释,可以节省容器便于保存。需将含钙的物质单独盛在一容器内,使用时将母液稀释后再与含钙物质的稀释液相混合,尽量避免形成沉淀。营养液的 pH 值要经过测定,必须调整到适于作物生育的 pH 值范围,水增时尤其要注意 pH 值的调整,以免发生毒害。

(三)基质

用于无土栽培的基质种类很多。可根据当地基质来源,因地制宜地加以选择,尽量选用原料丰富易得、价格低廉、理化性状好的材料作为无土栽培的基质。

对基质的要求如下:

1. 具有一定大小的固形物质

这会影响基质是否具有良好的物理性状。基质颗粒大小会影响容量、孔隙度、空气和水的含量。按着粒径大小可分为五级,即:1 mm,1 ~ 5 mm,5 ~ 10 mm,10 ~ 20 mm,20 ~ 50 mm。可以根据栽培作物种类、根系生长特点、当地资源状况加以选择。

2. 具有良好的物理性质

基质必须疏松,保水保肥又透气。南京农业大学吴志行等研究认为,对蔬菜作物比较理想的基质,其粒径最好为 0.5 ~ 10 mm,总孔隙度 > 55%,容重为 0.1 ~ 0.8 g/cm³,空气容积为 25% ~ 30%,基质的水气比为 1:4。

3. 具有稳定的化学性状,本身不含有害成分,不使营养液发生变化

基质的化学性状主要指以下几方面:

pH 值:反应基质的酸碱度,非常重要。它会影响营养液的 pH 值及成分变化。pH = 6 ~ 7 被认为是理想的基质。

电导度(EC):反映已经电离的盐类溶液浓度,直接影响营养液的成分和作物根系对各种元素的吸收。

缓冲能力:反应基质对肥料迅速改变 pH 值的缓冲能力,要求缓冲能力越强越好。

盐基代换量:是指在 pH = 7 时测定的可替换的阳离子含量。一般有机机质如树皮、锯末、草炭等可代换的物质多;无机基质中蛭石可代换物质较多,而其他惰性基质则可代换物质很少。

4. 要求基质取材方便,来源广泛,价格低廉

在无土栽培中,基质的作用是固定和支持作物;吸附营养液;增强根系的透

气性。基质是十分重要的材料,直接关系栽培的成败。基质栽培时,一定要按上述几个方面严格选择。北京农业大学园艺系通过1986～1987年的试验研究,在黄瓜基质栽培时,营养液与基质之间存在着显著的交互作用,互为影响又互相补充。所以水培时的营养液配方,在基质栽培时,特别是使用有机基质时,会受基质本身元素成分含量、可代换程度等因素的影响,而使配方的栽培效果发生变化,这是应当加以考虑的问题,不能生搬硬套。

(四)供液系统

无土栽培供液方式很多,有营养液膜(NFT)灌溉法、漫灌法、双壁管式灌溉系统、滴灌系统、虹吸法、喷雾法和人工浇灌等。归纳起来可以分为循环水(闭路系统)和非循环水(开路系统)两大类。生产中应用较多的是营养液膜法和滴灌法。

1. 营养液膜法(NET)

备三个母液贮液灌(槽)。一个盛硝酸钙母液,一个盛其他营养元素的母液,另一个盛磷酸或硝酸,用以调节营养液的pH。

贮液槽:贮存稀释后的营养液,用泵将营养液由栽培床高的一端送入,由低的一端回流。液槽大小与栽培面积有关,一般1 000 m² 要求贮液槽容量为4～5 t。贮液槽的另一个作用就是回收由回流管路流回的营养液。

过滤装置:在营养液的进水口和出水口要求安装过滤器,以保证营养液清洁,不会造成供液系统堵塞。

2. 滴灌系统的灌溉方法

备两个浓缩的营养液罐,存放母液。一个液罐中含有钙元素,另一个是不含钙的其他元素。

浓酸罐:用来调节营养液的pH。

贮液槽:用来盛按要求稀释好的营养液。一般300～400 m² 的面积,贮液槽的容积1～1.5 t即可。贮液槽的高度与供液距离有关,只要高于1 m,就可供30～40 m的距离。如果用泵抽,则贮液槽高度不受限制。甚至可在地下设置。

管路系统:用各种直径的黑色塑料管,不能用白色,以避免藻类的滋生。

滴头:固定在作物根际附近的供液装置,常用的有孔口式滴头和线性发丝管。孔口式滴头在低压供液系统中流量不太均匀,发丝管比较均匀。但共同的问题是易堵塞,所以在贮液槽的进出口处,也必须安装过滤器,滤出杂质。

(五)基质消毒

无土栽培基质长时间使用后会聚积病菌和虫卵,尤其在连作条件下,更容易发生病虫害。因此,每茬作物收获以后,下一次使用之前一定要对基质进行消毒处理。

基质消毒最常用的方法有蒸汽消毒和化学药品消毒。

1. 蒸汽消毒

此法简便易行,经济实惠,安全可靠。凡在温室栽培条件下以蒸汽进行加热的,均可进行蒸汽消毒。方法是将基质装入柜内或箱内(体积 $1 \sim 2\ m^3$),用通气管通入蒸汽进行密闭消毒。一般在 $70 \sim 90℃$ 条件下持续 $15 \sim 30\ min$ 即可。

2.化学药品消毒

所用的化学药品有甲醛、甲基溴(溴甲烷)、威百亩、漂白剂等。

甲醛:40%甲醛又称福尔马林,是一种良好的杀菌剂,但对害虫效果较差。使用时一般用水稀释成 40 倍 ~50 倍液,然后用喷壶每平方米 $20 \sim 40\ L$ 水量喷洒基质,将基质均匀喷湿,喷洒完毕后用塑料薄膜覆盖 $24h$ 以上。使用前揭去薄膜让基质风干两周左右,以消除残留药物危害。

氯化苦:该药剂为液体,能有效地防治线虫、昆虫、一些杂草种子和具有抗性的真菌等。一般先将基质整齐堆放 $30\ cm$ 厚度,然后每隔 $20 \sim 30\ cm$ 向基质内 $15\ cm$ 深度处注入氯化苦药液 $3 \sim 5\ mL$,并立即将注射孔堵塞。一层基质放完药后,再在其上铺同样厚度的一层基质打孔放药,如此反复,共铺 $2 \sim 3$ 层,最后覆盖塑料薄膜,使基质在 $15 \sim 20℃$ 条件下熏蒸 $7 \sim 10\ d$。基质使用前要有 $7 \sim 8\ d$ 的风干时间,以防止直接使用时危害作物。氯化苦对活的植物组织和人体有毒害作用,使用时务必注意安全。

溴甲烷:该药剂能有效地杀死大多数线虫、昆虫、杂草种子和一些真菌。使用时将基质堆起,然后用塑料管将药液喷注到基质上并混匀,用量一般为每立方米基质 $100 \sim 200\ g$。混匀后用薄膜覆盖,密封 $2 \sim 5\ d$,使用前要晾晒 $2 \sim 3\ d$。溴甲烷有毒害作用,使用时要注意安全。

威百亩:威百亩是一种水溶性熏蒸剂,对线虫、杂草和某些真菌有杀伤作用。使用时 1L 威百亩加入 $10 \sim 15\ L$ 水稀释,然后喷洒在 $10\ m^2$ 基质表面,施药时将基质密封,半月后可以使用。

漂白剂(次氯酸钠或次氯酸钙):该消毒剂尤其适于砾石、砂子消毒。一般在水池中配制 $0.3\% \sim 1\%$ 的药液(有效氯含量),浸泡基质半小时以上,最后用清水冲洗,消除残留氯。此法简便迅速,短时间就能完成。次氯酸也可代替漂白剂用于基质消毒。

思考与交流

1.无土栽培有哪些特点?

2.无土栽培可以分为哪几种?

3.无土栽培常见的基质有哪些,同时选择基质需要注意哪些问题?

4.基质消毒常采用哪些方法?

项目七

设施环境综合调控及小气候的测定

【任务描述】

掌握设施环境综合调控的相关概念;设施环境综合调控的工作内容;设施内小气候观测仪器地使用。

【能力目标】

1.能简单描述设施环境综合调控的相关概念;

2.掌握设施环境综合调控的工作内容;

3.掌握设施内小气候观测仪器使用方法。

【任务分析】

每4、5人为一个学习组,由一人负责,统筹安排查阅资料并整理,学习组一起讨论,围绕设施环境综合调控制作汇报材料,期间提出存在的疑问,教师引导答疑。

【工作过程】

1.资料查阅

学习组成员根据给定的工作任务在图书馆、互联网上搜索相关概念及设施环境综合调控的知识并整理。

2.资料汇总,制作汇报材料

(1)将所搜集的材料按照类别进行汇总;

(2)指导学生进行设施内小气候观测仪器使用,完成实验报告。

3.汇报,交流

组织各组进行汇报、提问、交流。

【理论提升】

20世纪80年代以来,随着计算机技术的迅速发展和国民生产、生活水平的提高,设施农业以空前的速度推进。在引进吸收国外温室先进技术的基础上,全国各地相继研制出了一批现代化的温室。温室技术涵盖了建筑、材料、机械、自动控制、作物品种、栽培、病虫害防治、管理等,成为多学科、多领域的综合集成。温室环境因子的自动调控也由简单的、单一的手工调控,发展为利用计算机的多因素、多状态、多功能单位自动调控。为摆脱传统农业的生产模式和大自然的约束,实现高效、高产和优质,使农业走向集约化、规模化和现代化的道路提供了可靠的技术保证。

因此设施环境因子的综合调控技术和设施小气候常用仪器的操作使用就显得尤为重要。设施环境的综合调控既要依据计算机的科学判断,还要依靠管理人员的经验,来综合判断决定,为作物的生长发育提供良好的环境条件。

任务一　设施环境综合调控技术

一、设施环境综合调控的概念及意义

园艺设施内光、热、水、气、土五个环境因子是同时存在的,综合影响作物的生长与发育。他们具有同等重要性和不可替代性,只要其中的某一个因子发生变化时,其他因子随之也发生变化。例如,温室内光照充足,温度上升,土壤水分蒸发和植物的蒸腾作用加强,空气的湿度随之加大。如果此时通风,温室的各环境因子都会发生变化,因此,管理者在生产中要有综合意识,不要只顾某一方面。

所谓的综合环境调控指的就是为了获得设施作物的优质高产,把影响到作物生长的各环境因子(光、热、水、气、土)调节到作物最适宜生长发育的水平。同时要求使用最少量的环境调节装置(通风、保温、加温、灌水、使用二氧化碳、遮光、利用太阳能等各种装置),既省工又节能,便于生产人员管理的一种环境调控方法。这种环境控制方法的前提条件是对于各种环境要素的控制目标值,必须依据作物的生育状态、外界的气象条件以及环境调控措施的成本等情况综合考虑。

例如,对温室进行综合环境调控时,不仅要考虑温室内、外各种环境因素和作物的生长发育、产量状况,而且要从温室经营的总体出发,考虑各种生产资料的投入成本、产出产品的市场价格变化、劳动力和栽培管理作业、资金等的相互关系,根据效益分析进行环境控制,并对各种装置的运行情况进行监测、记录、分析,以及对异常情况进行检查处理等,这些管理称为综合环境调控。从设施园艺经营角度看,要实现正确的综合环境调控,就必须要综合考虑各因素之间的复杂关系。

二、设施综合调控的发展

从国外设施调控技术的发展状况看来,设施环境调控技术大体经历了以下

三个发展阶段:

1.手动控制

这是在设施技术发展初期所采取的控制手段,当时没有真正意义上的控制系统及执行机构。种植者通过对设施内外的气候状况和对作物生长状况的观测,凭借长期积累的经验和直觉推测及判断,手动调节设施内环境。这种管理模式劳动生产率较低,不适合工厂化农业生产的需要,而且对种植者的素质要求较高。

2.自动控制

这种控制系统需要种植者输入设施作物生长所需要环境条件的目标参数,计算机根据传感器的实际测量值与预先设定的目标值进行比较,以决定设施环境因子的控制过程,控制相应部件进行加热、降温、通风等动作。通过改变设施环境设定目标值,可以自动地进行设施内环境气候调节,但是这种控制方式对作物生长状况的改变难以做出反应,难以介入作物生长的内在规律。目前我国绝大部分自主开发的大型现代化设施及引进的国外设备都属于这种控制方式。

3.智能化控制

这是在设施自动化控制技术和生产实践的基础上,通过总结、收集农业领域知识、技术和各种试验数据构建专家系统,以建立植物生长的数学模型为理论依据,研究开发出的一种适合不同作物生长的设施专家控制系统技术。设施控制技术沿着手动、自动、智能化控制的发展进程,向着越来越先进、功能越来越完备的方向发展。

三、设施环境综合调控的方式及设备

1.设施环境综合调控的方式

(1)按自动化程度

人感手动型:用仪器测量有困难时,根据人的感官观察外界气象条件和生物的生育状态而变动设定值。

测量手动型:根据仪器测量的记录值,人为变动设定值。如对土壤水分、肥料成分以及对强风、暴雪的处理调控。

测量仪器自动调控型:根据测量仪器和信号演算处理的结果,自动变换设定值。

(2)按设定值变动原因

气象型:根据外界天气条件、室外的日照情况、气温、风速等的变化而变动。

生育状态型:按照生物状态进行变动。

时间型：利用时间继电器按预定的时间进行变动。

（3）按时间等级

分、小时型：设定值每隔几分钟至几小时变动一次，按日照量改变室温设定值。

日型：每隔几小时至一日变动一次设定值，如按白天的累积日射量改变夜间的温室设定值等。

周型：每隔几日至几周变动一次设定值，如变动地温、肥料成分等的设定值。

（4）按模拟计数

模拟型：用电的、机械的手段以连续量、模拟量为基础，执行综合调控。

技术型：利用数字电子计算机、微型电子计算机以离散量、计数量为基础，实现综合调控。

（5）按判断标准

优先顺序型：在优先顺序高的环境要素设定值要得到保证的条件下，调控下一个要素。如室温超过30℃以前关闭窗户，进行 CO_2 施肥，若室温超过30℃，则打开窗户优先调控室温。

综合判断型：用某种综合标准，如考虑了节能、省力、增产等的评价函数来决定各种被调控环境要素的设定值及调控机器的操作方法。如在综合判断了室温、CO_2 浓度、湿度三个环境要素对植物生长的影响之后，决定白天换气窗的开启程度。

2. 设施环境综合调控的设备

20世纪80年代以来，我国先后从荷兰、以色列等国引进了几十套大中型温室，对于消化、吸收国外先进的温室生产经验起到了积极作用。由于引进的温室价格和运行成本都很高，我国科技人员进行了温室的环境调控研究，但是我国的设施大部分都比较简单，大量的作业和调控都靠人工去解决，这和国外的自动化控制和工厂化生产相比有很大的差距。目前，我国科研人员在夏季降温、冬季增温等技术方面取得了不少进展，我国温室产品中技术较成熟的设备有以下几种。

（1）加热系统

吸取荷兰温室预混组 - 混合组多级控制和适宜作物栽培管理的优点，利用热水锅炉，通过加热管道对温室进行加热，此外，也开发了利用热风炉、传感器反馈控制风机将热风送入温室进行加热的技术。

（2）幕帘系统

开发了内幕帘系统，外遮荫系统。幕帘驱动系统因采用构件的不同可分为以下两种形式:一种是由减速电机、轴承、传动管轴、牵引钢丝绳、滑轮组件、链轮和链条等组成的钢缆驱动平托幕系统;另外一种形式的驱动系统是齿轮齿条拉幕系统。

(3)通风系统

主要有强制通风系统和自然通风系统。强制通风系统一般设计换气次数为0.75~1.5次/min。由于强制通风需要耗费大量能量,为获得更好的降温效果,一般配合湿帘,利用蒸发制冷原理降温。自然通风是一种较经济实惠的通风方式,主要通过设施的顶窗或侧窗的开启,利用风力和温差实现设施内外气体的交换,进而达到降温和降湿的目的,同时也是进行 CO_2 施肥的重要手段。

目前,我国的计算机控制技术还大多处于单控制器 + 单传感器 + 执行机构这种较原始的状态,由于温室特殊的高温、高湿环境,各类国产传感器的可靠性、稳定性也是一个急需解决的问题,设施控制的计算机软件也有待进一步开发。

四、设施环境综合调控的措施

1.计算机综合调控的发展与特点

自20世纪60年代开始,荷兰率先在温室环境管理中导入计算机技术,随着20世纪70年代微型计算机的问世以及此后信息技术的迅速发展和价格的不断下降,计算机日益广泛地用于设施环境综合调控和管理中。

自20世纪90年代开始,中国农业科学院气象研究所、江苏大学、同济大学等也分别开始了计算机在温室环境管理应用中的软硬件研究与开发,21世纪我国大型现代温室将得到日益发展和深化。

虽然计算机在综合环境自动控制中功能大、效率高,且节能、省工省力,成为发展设施农业优质、高效、高产和可持续生产的先进实用技术,但温室综合环境管理涉及温室作物生育、外界气象条件状况和环境调控措施等复杂的相互关联因素,有的项目由计算机信息处理装置就能做出科学判断进行综合管理,有些必须通过电脑与人脑共同合作管理,还有的项目只能依靠人们的经验进行综合判断决策管理,可见电脑还不能完全替代人脑完成设施农业的综合环境管理。

2.计算机综合环境调控

(1)调控方法

开关调控:屋顶喷淋和暖风机的启动与关闭等采用 ON、OFF 这种最简单的反馈调节法,为防止因计测值不稳定而频繁开关,损伤装置,可在暖风机控制系统中只对停止加温(OFF)加以设定。

比例积分控制法：如换气窗的开闭，在调节室内温度时，换气窗从全封闭到全部开启是一个连续动作，电脑指令换气窗正转、逆转和停止，可调节换气窗成任意开启角度，采用比例加积分控制法，是根据室温与设定温度之差来调节窗的开度大小，是一种更加精确稳定的方式。

前馈控制法：如灌溉水调控没有适宜的感应器，技术监测不可能时，可根据经验依据辐射量和时间进行提前启动。

（2）加温装置

通常有暖风机加温和热水加温两种。现在多以开关调节，在加温负荷小时，很易超调量，要缩小启动间隙。有效积分控制是一种更有效的方法，均有配套软硬件组装设备。热水加温装置由调控锅炉运行，从而能精确调节水温。

（3）换气窗的调节

以比例积分控制，外界气温低时，即使开启度很小也会导致室温的很大变化，依季节不同调整设定值，根据太阳辐射量和室内外温差做出指令，自动调节窗的开闭度。遇强风时，指令所有换气窗必须关闭，依风向感应器和风速也可仅关闭顶风侧的窗，仅调节下风侧的换气窗的开闭，降雨时指令开窗关闭到雨水不侵入温室的程度。

（4）保温幕的调控

依辐射、温度和时间的不同而开闭，以保温为目的，通常根据温室热收支计算结果，做出开闭指令，但存在需要确保作物一定的光照长度和湿度的矛盾，因此必须在不发生矛盾的原则下进行调控。输入设定值还要根据幕的材料而异，反射性不透明的铝箔材料则依辐射强度来设定，透明膜则依热收支状况来设定。保温幕的调节与换气设备、加温设备调控密切相关，如不可能发生开窗而保温幕关闭的状态。又如日落后，加温装备开启前，关闭保温幕可以节省能耗，三者需配合协调。

（5）湿度调控

包括加湿与除湿调控。用绝对湿度作为设定值，除开启通气窗来调节外，也可以利用除湿器开关控制即可。加湿一般采用喷雾方式，但同时造成室温下降，相对湿度升高，输入设定值时必须考虑温度指标，并根据绝对湿度和饱和指标进行设定。

（6）CO_2 调控

不论利用 CO_2 发生器或灌装 CO_2 均采用简单调节电磁阀开关。按太阳辐射量定时定周期开放 CO_2 气阀，并按 CO_2 浓度测定计送气和停气，以防止换气窗开启时 CO_2 外溢浪费气源。

（7）环流风机控制

为了确保室内气温、CO_2 浓度分布均匀而采用。即使换气窗全封闭时，少量送风，也有防治叶面结露，促进光合与蒸腾的效果。在温室完全关闭时或加热系统启动供暖时运转十分有效。

（8）营养液栽培及灌水的调控

水培作物营养液采用循环式供液时，控制供液水泵运转间隔时间和基质无土栽培营养液的滴灌，应根据日辐射量设定供液量及供液间隙时间，通过采用前馈启动调节。营养液的调节通常通过 pH 计测定。EC 及测定值决定加入酸、碱和营养液的量。

3. 计算机控制系统在现代温室中的应用

现代化温室是一个高投入高产出的行业，它运用了多种先进的科学技术和仪器设备，从温室的降温到保温，从光照调节到 CO_2 增施，从精确施肥到节水灌溉，设备繁多，专业性强，因此如何使这些复杂的设备协调运作、便于控制和管理，成为温室使用水平高低的象征，温室计算机控制系统则是专门用于对整个温室环境进行综合控制的先进手段。计算机控制系统由温室控制器、室外气象站、通讯单元、监视器及输出单元组成。

温室控制器主要从室内传感器及气象站接收各类环境因素信息，通过复杂的逻辑判断和运算，控制相应温室设备运作，以调节温室环境。室外气象站主要完成温室外部温、湿、光、风、雨、雪等环境因素的检测。通讯单元则担负着在室外气象站、室内传感器与温室控制器及温室控制器与上位计算机之间的数据通讯作用，而计算机输出打印设备则帮助种植者做全面细致的数据分析，直观监测和打印、保存历史数据。通过计算机集成监控系统，根据室内外气候条件的变化，可对温室的天窗、侧窗、遮阳幕、微雾、湿帘、加热器等设备进行精细控制，实现温室的通风降温、除湿、加湿、遮阳保温、智能加温、空气对流、补光补气、科学灌溉、施肥、抗风、防风雪、pH 值及 EC 值的检测与调节，故障报警等功能，为温室种植者提供一个更易管理、便于操作的全新方法。即使整座温室分成多个不同的种植区，而每个种植区栽培不同作物，配置不同设备，实施不同管理，智能计算机温室控制系统也一样能应付自如，毫不费力。

目前温室控制器的种类很多，国内外高、中、低档温室控制器应有尽有。其主要区别在于控制理念上的不同，如比较高档的控制系统，其控制理念属于模糊控制，具有一定的预见性，可以根据温室内外各种条件综合判断其发展趋势，在控制点还没有到达时提前采取措施，因此其控制精度要高于其他控制器。比如冬季的某个上午，光照较好，室内暖气还在加热，室内设定温度为 15～18℃，此时室内温度为15℃,由于光照强度会逐渐增强,室内温度会由于阳光的进入而逐渐升高。此时,高档的控制器会逐渐减少暖气的供热量,使温度保持在一个较恒定的数值,而低档的控制器会等到温度升到18℃时才会有反应,而且其反应可能不是关掉暖气,反而是打开天窗进行降温以达到温度的要求。但并不是说控制器越强大就越好,毕竟其价格昂贵,因此要根据温室的具体配置情况进行选择,经济性和实用性也是必须要考虑的两个因素。

思考与交流

1.设施环境综合调控的方式按不同标准可以分为哪几类?

2.设施环境综合调控的措施有哪些?

任务二　设施内小气候常用仪器的使用

一、目的和要求

通过对设施内小气候测定仪器的介绍和使用方法的学习,要求能够掌握这些常见仪器的使用,能够利用这些仪器对设施内小气候进行观测。

二、设施与仪器

(一)设施

设施为本地区代表性大棚、温室或其他园艺栽培设施。

(二)仪器

1)光照强度:照度计;

2)空气温湿度:手动干湿球温度表、电子干湿球湿度计;

3)土壤温度:5 cm,10 cm,15 cm,20 cm 曲管地温表;

4)CO_2 浓度:便携式红外 CO_2 分析仪。

三、仪器使用方法和步骤

(一)照度计

测量方法:

1)打开电源;

2)选择适合的测量档位;

3)打开光检测罩,并将光检测器正面对准欲测光源;

4)读取照度表LCD之测量值;

5)读取测量值时,如果最高位数显示"1"即表示过载,应立刻选择较高档位测量;

设定 20 000 lx/fc 档位时,所显示数值须 × 10 倍才为测量的真值,设定 200 000 lx/fc 档位时,所显示数值须 × 100 倍才为测量的真值。注:1 fc = 10.76 lx

6)数据保持开关,将开关拨至 HOLD,LCD 显示"·"符号,且显示值被锁定,将开关拨到 ON,则可取消读数锁定功能;

7)测量工作完成后,请将光检测器罩好,关闭仪表电源。

(二)湿度计

1. 转盘式温度计

分别读取干球温度和湿球温度,将两者的温度转盘对齐,箭头所指位置即环境的湿度。

2. TES ~ 1360A 数字温湿度计

1)将电源开关推至 ON 位置;

2)将温度单位选择开关推至需要测量单位℃或℉,此单位可随时变更选择;

3)将温度(TEMP)、湿度(% RH)及露点温度(DEW)开关推至 TEMP 位置,则主显示区显示测量温度值,第二显示区显示湿度值。将开关推至% RH 位置,则主显示区显示测量湿度值,第二显示区显示温度值。将开关推至 DEW RH 位置,则主显示区显示计算至露点温度值,第二显示区显示湿温度值;

4)当改变测试环境湿度时,其值会改变,需要待数分钟,就能读取稳定的湿度值;

5)将电源开关推至 HOLD 位置 HOLD 出现,目前测量值被锁定,这时可将温度、湿度和露点温度开关扳至所需读取位置,也可使用温度单位选择开关改变测量单位;

6)关机时自动出现关机符合 P,当开关及按键未操作约 30 min 时,将会自动关机以省电。

(三)地温表

直接用相应深度的地温表,插入土层即可。

(四)红外二氧化碳分析仪

1. 启动

交流电供电时,将稳压电源插头插在仪器侧面板"外接"插孔处,按下"POWER"(电源)开关,红灯亮,将"TEST"(检查)开关向上扳动,仪器表头指示为电源电压,外接电源时要大于 6 V。电池工作时要大于 5.8 V,否则要给仪器充电。如果电源正常,则将"TEST"开关扳下,预热 5 ~ 10 min。

2. 校零点

将仪器侧面板上的圆形切换阀旋钮沿顺时针方向拧到"零点"位置,(圆点对准"零点",要拧到底)。打开"PUMP"(泵)开关,黄色指示灯亮,并可听到泵的声音,说明泵在工作,大约 15 s,若表头指示值不是 0,转动前面板"ZERO"(零点)电位器,将指示值调为"0"。

3. 终点

仪器随机附带有一低压铝合金小瓶标气,可以使用 100 次以上。使用时,需将泵开关关闭并将切换阀逆时针方向旋转到"测量"位置(一定要拧到底),然后将铝合金小气瓶嘴对准仪器"IN"(入口),轻轻一顶气瓶底部,可听到"嘶"的一声,时间约 0.5 ~ 1s(切不可时间太长,那样不仅浪费气还容易将内部气管冲开)。约 20 s 后,指示稳定,如标称浓度为小气瓶气的数值,可不必调整。差异较大时,用随机附带的钟表改锥调整"SPAN"(终点)电位器,将指示值调整在标气有效范围之内即可。

4. 测量

将取样器接在仪器入口,打开泵开关,便可将被测环境的气体抽入仪器内,从显示器上直接读取被测的 CO_2 浓度值。测量下一个数据时,不必回零,将取样器杆指向被测处,即可读出被测值。一般情况下,工作一小时后,应该检查零点。当零点漂移较大时,需旋转零点电位器进行调整,若变化不大,仍可继续工作,而不必进行修正。

5. 充电

电池电压在 5.8 V 时,就应对仪器进行充电。充电时,将稳压电源一端插在 220 V 交流电源插座上,另一端的 $\Phi 3.5$ 插头插在仪器侧面板的"电源"处,并且将切换开关打到充电档,电源和泵开关都处于"关"的状态,"检查"开关向上扳。(当想观察充电情况时,可按下"POWER"开关,看显示器的显示,然后再关上显示器继续充电)。可充电 12 ~ 16 h。充电时,要保证充电时间,一般能充到 6.2 V 左右。

6. 注意事项

1)夏季炎热或长时间不用时请经常检查电池电压,电压低于 5.5 V 时请充电。

2)不使用时,请将切换阀置于"调零"位置,这样可将仪器内部气路封闭以保护气路和过滤剂不失效。

■ 思考与交流

1. 写出实验报告,填表 7 - 1 ~ 7 - 5。

2. 比较两种湿度计的优缺点。

表 7 - 1

光照度测定记录表

试验地点：　　　　试验日期：　　　　天气情况：　　　　单位：klx

| 时间 | 高度/m | 测点 | | | | | 平均 | 室外 | 最小值 | 均匀度 | 平均透光率/（%） |
		1	2	3	4	5					

检查人：　　　　　　　　　　　　　　记录人：

表 7 – 2

温度测定记录表

试验地点：　　　　试验日期：　　　　天气情况：　　　　单位：℃

时间	高度/m	测点					平均	室外气温	最低温度	均匀度	内外温差
		1	2	3	4	5					

检查人：　　　　　　　　　　　　　　　记录人：

表 7 - 3

湿度测定记录表

试验地点：　　　　　试验日期：　　　　　天气情况：　　　　　单位：%

时间	高度/m	测点					平均	室外湿度	最低湿度	最高湿度	内外湿差
		1	2	3	4	5					

检查人：　　　　　　　　　　　　　　　　记录人：

表 7 - 4

地温测定记录表

试验地点： 试验日期： 天气情况： 单位：℃

时间	高度/m	测点					平均	室外地温	最低地温	均匀度
		1	2	3	4	5				

检查人： 记录人：

表 7 – 5

二氧化碳、风速测定记录表

试验地点： 试验日期： 天气情况：

时间	高度/m	室内测点		室外测点	
		二氧化碳/(mL/m³)	风速/(cm/s)	二氧化碳/(mL/m³)	风速/(cm/s)

检查人： 记录人：

项目八

设施新能源开发与利用

【任务描述】

掌握新能源的相关概念;新能源的特点;新能源的利用。

【能力目标】

1. 能简单描述新能源的相关概念;

2. 能正确地指出新能源的特点;

3. 掌握新能源的利用方式。

【任务分析】

每4、5人为一个学习组,由一人负责,统筹安排查阅资料并整理,学习组一起讨论,围绕新能源的开发与利用制作汇报材料,期间提出存在的疑问,教师引导答疑。

【工作过程】

1. 资料查阅

学习组成员根据给定的工作任务在图书馆、互联网上搜索相关概念及新能源在设施农业生产中的应用并整理。

2. 资料汇总,制作汇报材料

(1)将所搜集的材料按照类别进行汇总;

(2)指导学生进行当地设施新能源使用情况做调查,制作完成汇报材料。

3. 汇报,交流

组织各组进行汇报、提问、交流。

【理论提升】

能源是人类赖以生存的物质基础,它与社会经济的发展和人类的生活息息相关,开发和利用能源物质始终贯穿于社会文明发展的整个过程。从能源构成来看,包括我国在内的世界绝大多数国家都把石油和煤炭等矿物性燃料作为基本能源。但是随着矿质性能源的日趋枯竭及全球环境的日益恶化,自 20 世纪 80 年代以来,可再生性能源的开发和利用越来越受到世界各国的重视。

任务一 能源及其利用概况

一、能源的种类

1. 按其形成和来源分类(如图8-1所示)

1)来自太阳辐射的能量,如太阳能、煤、石油、天然气、水能、风能、生物能等。

2)来自地球内部的能量,如核能、地热能。

3)天体引力能,如潮汐能。

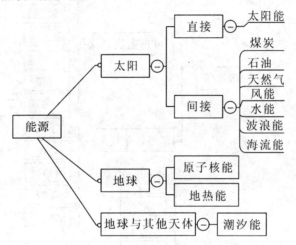

图8-1 按能源的形成和来源分类

2. 按开发利用状况分类

1)常规能源,如煤、石油、天然气、水能、生物能。

2)新能源,如核能、地热、海洋能、太阳能、潮汐、风能。

3. 按属性分类(如图8-2所示)

1)可再生能源,如太阳能、地热、水能、风能、生物能、海洋能。

2)非可再生能源,如煤、石油、天然气、核能。

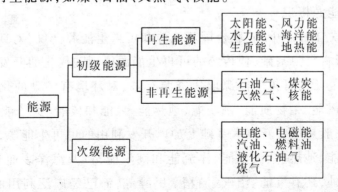

图8-2 按属性分类

131

4.按转换传递过程分类(如图8-3所示)

1)一次能源,直接来自自然界的能源。如煤、石油、天然气、水能、风能、核能、海洋能、生物能。

2)二次能源,如沼气、汽油、柴油、焦炭、煤气、蒸汽、火电、水电、核电、太阳能发电、潮汐发电、波浪发电等。

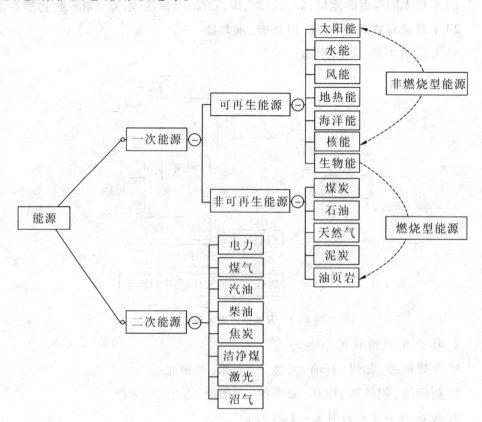

图8-3 按转换传递过程分类

二、新能源及其特点

(一)新能源概况

1980年联合国召开的"联合国新能源和可再生能源会议"对新能源的定义:以新技术和新材料为基础,使传统的可再生能源得到现代化的开发和利用,用取之不尽、周而复始的可再生能源取代资源有限、对环境有污染的化石能源,重点开发太阳能、风能、生物质能、潮汐能、地热能、氢能和核能(原子能)。

新能源一般是指在新技术基础上加以开发利用的可再生能源,包括太阳能、生物质能、风能、地热能、波浪能、洋流能和潮汐能,以及海洋表面与深层之间的热循环等;此外,还有氢能、沼气、酒精、甲醇等,而已经广泛利用的煤炭、石油、天然气、水能等能源,称为常规能源。随着常规能源的有限性以及环境问题的日益突出,以环保和可再生为特质的新能源越来越得到各国的重视。

在中国可以形成产业的新能源主要包括水能(主要指小型水电站)、风能、生物质能、太阳能、地热能等,是可循环利用的清洁能源。新能源产业的发展既是整个能源供应系统的有效补充手段,也是环境治理和生态保护的重要措施,是满足人类社会可持续发展需要的最终能源选择。

一般地说,常规能源是指技术上比较成熟且已被大规模利用的能源,而新能源通常是指尚未大规模利用、正在积极研究开发的能源。因此,煤、石油、天然气以及大中型水电都被看作常规能源,而把太阳能、风能、现代生物质能、地热能、海洋能以及氢能等作为新能源。随着技术的进步和可持续发展观念的树立,过去一直被视作垃圾的工业与生活有机废弃物被重新认识,作为一种能源资源化利用的物质而受到深入的研究和开发利用,因此,废弃物的资源化利用也可看作是新能源技术的一种形式。

新近才被人类开发利用、有待于进一步研究发展的能量资源称为新能源,相对于常规能源而言,在不同的历史时期和科技水平情况下,新能源有不同的内容。当今社会,新能源通常指太阳能、风能、地热能、氢能等。

按类别可分为太阳能、风能、生物质能、氢能、地热能、海洋能、小水电、化工能(如醚基燃料)、核能等。

据分析,2001 年以来我国能源消费结构并没有发生显著的改变。石化能源,特别是煤炭消费在一次能源消费中一直居于主导地位,所占的比重分别达到九成和六成以上。

据估算,每年辐射到地球上的太阳能为 17.8 万亿千瓦,其中可开发利用 500~1 000 亿千瓦时。但因其分布很分散,能利用的甚微。地热能资源指陆地下 5 000 m 深度内的岩石和水体的总含热量。其中全球陆地部分 3 km 深度内、150℃ 以上的高温地热能资源为 140 万吨标准煤,一些国家已着手商业开发利用。世界风能的潜力约 3 500 亿千瓦,因风力断续分散,难以经济地利用,今后输能储能技术如有重大改进,风力利用将会增加。海洋能包括潮汐能、波浪能、海水温差能等,理论储量十分可观。限于技术水平,现尚处于小规模研究阶段。当前由于新能源的利用技术尚不成熟,故只占世界所需总能量的很小部分,今后有很大发展前途。

(二)新能源的特点

1)资源丰富,普遍具备可再生特性,可供人类永续利用。比如,陆上估计可开发利用的风力资源为 253 GW,而截止 2003 年只有 0.57 GW 被开发利用,预计到 2010 年可以利用的达到 4 GW,到 2020 年达到 20 GW,而太阳能光伏并网和离网应用量预计到 2020 年可以从 0.03 GW 增加 1 ~ 2GW。

2）能量密度低,开发利用需要较大空间。

3）不含碳或含碳量很少,对环境影响小。

4）分布广,有利于小规模分散利用。

5）间断式供应,波动性大,对持续供能不利。

6）除水电外,可再生能源的开发利用成本较化石能源高。

三、我国能源利用的特点

目前我国已成为世界上能源生产和消费大国之一,能源生产基本上能够满足消费的需求。但是,由于人口、资源、环境以及经济、科技等因素的制约,我国能源生产与消费仍面临着一些突出的问题。

1）人均资源严重不足,能源结构不合理;

2）能源资源分布很不均匀;

3）大量煤炭燃烧造成了严重的环境污染;

4）人均能耗和能源利用率都很低下;

5）我国农村能源问题突出。

思考与交流

1. 什么是新能源,主要有哪些种类?

2. 新能源的主要特点有哪些?

任务二 新能源及利用

一、太阳能

（一）太阳能概述

太阳能一般指太阳光的辐射能量。太阳能的主要利用形式有太阳能的光热转换、光电转换以及光化学转换三种主要方式。广义上的太阳能是地球上许多能量的来源,如风能,化学能,水的势能等都是由太阳能导致或转化成的能量形式。利用太阳能的方法主要有太阳能电池,通过光电转换把太阳光中包含的能量转化为电能;太阳能热水器,利用太阳光的热量加热水,并利用热水发电等。太阳能清洁环保,无任何污染,利用价值高,太阳能更没有能源短缺这一说法,其种种优点决定了其在能源更替中不可取代的地位。

1. 太阳能光伏

光伏板组件是一种暴露在阳光下便会产生直流电的发电装置,几乎全部以半导体物料(如硅)制成的薄固体光伏电池组成。由于没有活动的部分,故可以长时间操作而不会导致任何损耗。简单的光伏电池可为手表及计算机提供能源,较复杂的光伏系统可为房屋照明,并为电网供电。光伏板组件可以制成不同形状,而组件又可连接,以产生更多电力。天台及建筑物表面均可使用光伏板组件,甚至被用作窗户、天窗或遮蔽装置的一部分,这些光伏设施通常被称为附设于建筑物的光伏系统(见图 8-4)。

图 8-4　太阳能光伏发电

2.太阳能光热

现代的太阳热能科技将阳光聚合,并运用其能量产生热水、蒸气和电力。除了运用适当的科技来收集太阳能外,建筑物亦可利用太阳的光和热能,方法是在设计时加入合适的装备,例如巨型的向南窗户或使用能吸收及慢慢释放太阳热力的建筑材料(见图 8-5)。

图 8-5　槽式太阳能光热

3.太阳光合能

植物利用太阳光进行光合作用,合成有机物。因此,可以人为模拟植物光合作用,大量合成人类需要的有机物,提高太阳能利用效率。

135

（二）太阳能的利用

1. 太阳能集热器

太阳能集热器是组成各种太阳能热利用系统的关键部件,可以广泛的用于太阳能热水器、太阳能干燥器、太阳房、太阳能热电站、太阳能海水淡化、太阳能锅炉改造等方面。图 8-6 所示为平板太阳能集热器示意图。

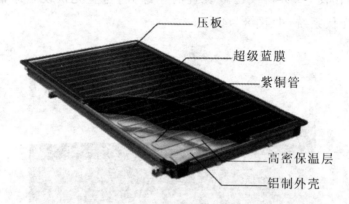

压板

超级蓝膜

紫铜管

高密保温层

铝制外壳

图 8-6 平板太阳能集热器示意图

2. 太阳能热水器

太阳能热水器是指利用阳光中蕴含的能量将水加温的设备,属于可再生能源技术的一种。可分为主动型与被动型,被动型通常包含储水槽与集热器,主动型还包括让水循环的泵以及控制温度的功能。水槽与集热器有可能结合成一体,也有可能分离,在现存的可再生能源设备当中,能量转换效率最高,也较为经久耐用。其集热器可分为平板型、真空管型、集光型、选择吸收膜或选择反射膜等几种。

3. 太阳能温室

太阳能温室就是利用太阳的能量,来提高塑料大棚内或玻璃房内的室内温度,以满足植物生长对温度的要求,所以人们往往把它称之为人工暖房(见图 8-7)。

白天,进入温室的太阳辐射热量往往超过温室通过各种形式向外界散失的热量,这时温室处于升温状态,有时因温度太高,还要人为的放走一部分热量,以适应植物生长的需要。如果室内安装储热装置,这部分多余的热量就可以储存起来了。

夜间,没有太阳辐射时,太阳能温室仍然会向外界散发热量,这时温室处于降温状态,为了减少散热,故夜间要在温室外部加盖保温层。若温室内有储热装置,晚间可以将白天储存的热量释放出来,以确保温室夜间的最低温度。

图 8 - 7　太阳能温室

4. 太阳灶

太阳灶是利用太阳能辐射,通过聚光获取热量,进行炊事烹饪食物的一种装置。它不烧任何燃料,没有任何污染;正常使用时比蜂窝煤炉还要快,和煤气灶速度一致(见图 8 - 8)。

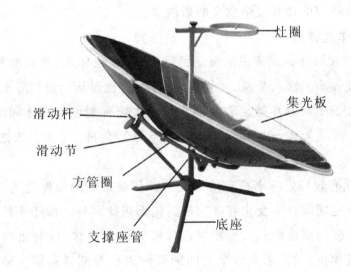

图 8 - 8　太阳灶示意图

5. 太阳能水泵

太阳能水泵是通过光伏扬水逆变器利用光伏阵列发出的电力来驱动水泵工作的光伏扬水系统,系统主要由光伏阵列、光伏扬水逆变器、水泵组成(见图 8 - 9)。

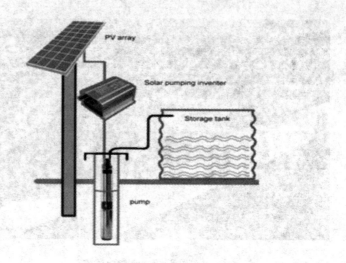

图 8-9　太阳能水泵示意图

二、海洋能

（一）海洋能概述

海洋能指蕴藏于海水中的各种可再生能源,包括潮汐能、波浪能、海流能、海水温差能、海水盐度差能等。这些能源都具有可再生性和不污染环境等优点,是一项亟待开发利用的具有战略意义的新能源。

（二）海洋能特点

1) 海洋能在海洋总水体中的蕴藏量巨大,而单位体积、单位面积、单位长度所拥有的能量较小。这就是说,要想得到大能量,就得从大量的海水中获得。

2) 海洋能具有可再生性。海洋能来源于太阳辐射能与天体间的万有引力,只要太阳、月球等天体与地球共存,这种能源就会再生,就会取之不尽,用之不竭。

3) 海洋能有较稳定与不稳定能源之分。较稳定的为温度差能、盐度差能和海流能。不稳定能源分为变化有规律与变化无规律两种。属于不稳定但变化有规律的有潮汐能与潮流能。人们根据潮汐潮流变化规律,编制出各地逐日逐时的潮汐与潮流预报,预测未来各个时间的潮汐大小与潮流强弱。潮汐电站与潮流电站可根据预报表安排发电运行。既不稳定又无规律的是波浪能。

4) 海洋能属于清洁能源,也就是海洋能一旦开发后,其本身对环境污染影响很小。

（三）海洋能的利用

1.波浪发电

据科学家推算,地球上波浪蕴藏的电能高达90万千瓦时。海上导航浮标和灯塔已经用上了波浪发电机发出的电来照明。大型波浪发电机组也已问世。中国也在对波浪发电进行研究和试验，并制成了供航标灯使用的发电装置。将来的世界，每一个海洋里都会有属于我们中国的波能发电厂。波能将会为中国的电业作出很大贡献。

2. 潮汐发电

据世界动力会议预计，到 2020 年，全世界潮汐发电量将达到 1 000 ~ 3 000 亿千瓦。世界上最大的潮汐发电站是法国北部英吉利海峡上的朗斯河口电站，发电能力 24 万千瓦，已经工作了 30 多年。中国在浙江省建造了江厦潮汐电站，总容量达到 3 000kW。

三、风能

(一) 风能概述

风能是因空气流做功而提供给人类的一种可利用的能量。空气流具有的动能称风能。空气流速越高，动能越大。人们可以用风车把风的动能转化为旋转的动作去推动发电机，以产生电力，方法是透过传动轴，将转子（由以空气动力推动的扇叶组成）的旋转动力传送至发电机。到 2008 年为止，全世界以风力产生的电力约有 94.1 百万千瓦，供应的电力已超过全世界用量的 1%。风能虽然对大多数国家而言还不是主要的能源，但在 1999 年到 2005 年之间已经增长了四倍以上。

(二) 风能的利用

1) 风能最常见的利用形式为风力发电（见图 8 – 10）。风力发电有两种思路，水平轴风机和垂直轴风机。水平轴风机应用广泛，为风力发电的主流机型。

图 8 – 10 风力发电

2）风力致热主要是机械变热（见图 8 - 11）。风力致热有四种：液体搅拌致热、固体摩擦致热、挤压液体致热和涡电流法致热等。目前，风力致热进入实用阶段，主要用于浴室、住房、花房、家禽、牲畜房等的供热采暖。一般风力致热效率可达 40% ，而风力提水和发电的效率只有 15% ~ 30% 。

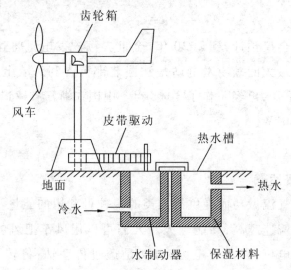

图 8 - 11　风力热水示意图

四、生物质能

（一）生物质能概述

生物质能来源于生物质，是太阳能以化学能形式贮存于生物中的一种能量形式，它直接或间接地来源于植物的光合作用。生物质能是贮存的太阳能，更是一种唯一可再生的碳源，可转化成常规的固态、液态或气态的燃料。地球上的生物质能资源较为丰富，而且是一种无害的能源。地球每年经光合作用产生的物质有 1730 亿吨，其中蕴含的能量相当于全世界能源消耗总量的 10 ~ 20 倍，但现在利用率不到 3% 。

（二）生物质能的特点

1．可再生性

生物质能属可再生资源，生物质能由于通过植物的光合作用可以再生，与风能、太阳能等同属可再生能源，资源丰富，可保证能源的永续利用；

2．广泛分布性

缺乏煤炭的地域，可充分利用生物质能；

3．低污染性

生物质的硫含量和氮含量低、燃烧过程中生成的 SO_x、NO_x 较少；生物质作为燃料时，由于它在生长时需要的 CO_2 相当于它排放的二氧化碳的量，因而对大

气的 CO_2 净排放量近似于零,可有效地减轻温室效应;

4. 生物质燃料总量十分丰富

生物质能是世界第四大能源,仅次于煤炭、石油和天然气。根据生物学家估算,地球陆地每年生产 1 000 ~ 1 250 亿吨生物质;海洋年生产 500 亿吨生物质。生物质能源的年生产量远远超过全世界总能源需求量,相当于目前世界总能耗的 10 倍。

我国可开发为能源的生物质燃料资源到 2010 年可达 3 亿吨。随着农林业的发展,尤其是炭薪林的推广,生物质资源还将越来越多。

(三)生物质能的利用

沼气是有机物质在厌氧条件下,经过微生物的发酵作用而生成的一种可燃气体。由于这种气体最先是在沼泽中发现的,所以称为沼气。人畜粪便、秸秆、污水等各种有机物在密闭的沼气池内,在厌氧(没有氧气)条件下发酵,即被种类繁多的沼气发酵微生物分解转化,从而产生沼气。沼气是一种混合气体,可以燃烧。

沼气是多种气体的混合物,一般含甲烷 50% ~ 70%,其余为 CO_2 和少量的氮、氢和硫化氢等。其特性与天然气相似。空气中如含有 8.6% ~ 20.8%(按体积计)的沼气时,就会形成爆炸性的混合气体。沼气除直接燃烧用于炊事、烘干农副产品、供暖、照明和气焊等外,还可作内燃机的燃料以及生产甲醇、福尔马林、四氯化碳等化工原料。经沼气装置发酵后排出的料液和沉渣,含有较丰富的营养物质,可用作肥料和饲料。如图 8 - 12 所示为沼气发电供热工程示意图。

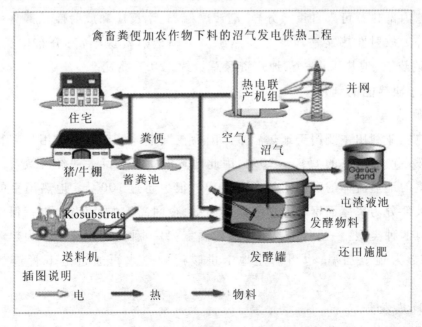

图 8 - 12 沼气发电供热工程示意图

五、地热能

(一)地热能概述

地热能大部分是来自地球深处的可再生性热能,它起于地球的熔融岩浆和放射性物质的衰变。还有一小部分能量来自太阳,大约占总的地热能的5%,表面地热能大部分来自太阳。地下水的深处循环和来自极深处的岩浆侵入到地壳后,把热量从地下深处带至近表层。其储量比人们所利用能量的总量多很多,大部分集中分布在构造板块边缘一带,该区域也是火山和地震多发区。它不但是无污染的清洁能源,而且如果热量提取速度不超过补充的速度,那么热能是可再生的。

地热能是一种新的洁净能源,在当今人们的环保意识日渐增强和能源日趋紧缺的情况下,对地热资源的合理开发利用已愈来愈受到人们的青睐。其中距地表2 000 m内储藏的地热能为2 500亿吨标准煤。全国地热可开采资源量为每年68亿立方米,所含地热量为973万亿千焦。在地热利用规模上,我国近些年来一直位居世界首位,并以每年近10%的速度稳步增长。

在我国的地热资源开发中,经过多年的技术积累,地热发电效益显著提升。除地热发电外,直接利用地热水进行建筑供暖、发展温室农业和温泉旅游等利用途径也得到较快发展。全国已经基本形成以西藏羊八井为代表的地热发电、以天津和西安为代表的地热供暖、以东南沿海为代表的疗养与旅游和以华北平原为代表的种植和养殖的开发利用格局。

地球内部热源可来自重力分异、潮汐摩擦、化学反应和放射性元素衰变释放的能量等。放射性热能是地球主要热源。中国地热资源丰富,分布广泛,已有5 500处地热点,地热田45个,地热资源总量约320万兆瓦。

(二)地热能的利用

1.地热温室

地热农业利用主要用于地热温室。因为在温带地区温室保温用的矿物燃料成本一般占产品价格的15%~20%,因此地热温室具有巨大的经济效益。用于地热温室的地热流体的温度可以低到30℃,很少超过100℃。地热温室的结构形式绝大部分为单屋面钢骨架塑料薄膜温室,夜间尚需加盖草帘,进行保温。地热温室有两种类型:一是利用放热地面建温室;另一种是利用热水作为热源建立温室,多数为地上加温,也可利用地上供暖后的热水再通过地下管道为土壤加温。

2.地热发电

利用地下热水和蒸汽为动力源的一种新型发电技术。其基本原理与火力发电类似,也是根据能量转换原理,首先把地热能转换为机械能,再把机械能转换为电能。地热发电实际上就是把地下的热能转变为机械能,然后再将机械能转变为电能的能量转变过程。

3.地热孵化

利用地热对禽类进行孵化的技术。与其他人工孵化方法相比,由于热源和控温理论的改变,以及取消箱内鼓风,导致整个孵化工艺的创新,控制水温、水量、孵前试水试温、升温入孵、节流调温、水盘散湿、定时不定位翻蛋、落盘更温和照蛋检胚是地热孵化的几个技术环节。孵化时供热水温为48~65℃,最佳水温为(55±5)℃;降水温为20~37℃,最佳水温为20~25℃。日耗水量与进水温度呈负相关。

六、核能

世界上有比较丰富的核资源,核燃料有铀、钍氘、锂、硼等,世界上铀的储量约为417万吨。地球上可供开发的核燃料资源,可提供的能量是矿石燃料的十多万倍。

核能应用作为缓和世界能源危机的一种经济有效的措施有许多的优点。

其一是体积小而能量大,核能比化学能大几百万倍;1 000 g铀释放的能量相当于2 400 t标准煤释放的能量;一座100万千瓦的大型烧煤电站,每年需原煤300~400万吨,运这些煤需要2760列火车,相当于每天8列火车,还要运走4 000万吨灰渣。同功率的压水堆核电站,一年仅耗铀含量为3%的低浓缩铀燃料28t;每一磅铀的成本约为20美元,换算成1 kW发电经费是0.001美元左右,这和的传统发电成本比较,便宜许多;而且,由于核燃料的运输量小,所以核电站就可建在最需要的工业区附近。核电站的基本建设投资一般是同等火电站的一倍半到两倍,不过它的核燃料费用却要比煤便宜得多,运行维修费用也比火电站少,如果掌握了核聚变反应技术,使用海水作燃料,则更是取之不尽,用之方便。

其二是污染少。火电站不断地向大气里排放二氧化硫和氧化氮等有害物质,同时煤里的少量铀、钍和镭等放射性物质,也会随着烟尘飘落到火电站的周围,污染环境。而核电站设置了层层屏障,基本上不排放污染环境的物质,就是放射性污染也比烧煤电站少得多。据统计,核电站正常运行的时候,一年给居民带来的放射性影响,还不到一次X光透视所受的剂量。

其三是安全性强。从第一座核电站建成以来,全世界投入运行的核电站达400多座,30多年来基本上是安全正常的。虽然有1979年美国三里岛压水堆核电站事故和 1986 年前苏联切尔诺贝利石墨沸水堆核电站事故,但这两次事故都是由于人为因素造成的。随着压水堆的进一步改进,核电站有可能会变得更加安全。

国际原子能机构预测到 2030 年核动力至少占全部动力的 25%。最大的增长可能达到 100%。中国的能源危机比任何国家都严重,到 2020 年 70% 到 80% 的石油要从国外进口,随着时间的推移,对石油天然气进口的依赖越来越大。而核能是解决近期能源危机的主要办法。

 思考与交流

1. 太阳能的主要利用形式有哪几种?

2. 简述生物质能的特点及主要利用形式。

3. 地热能贮存形式有哪些?如何进行应用?

4. 调查当地设施农业新能源使用情况,完成调查报告。

附录

日光温室建造技术规范

1. 选址

日光温室建造宜选择在地质条件好、地下水位适中、排灌方便、前方和东西两侧没有高山以及高大建筑物遮挡的地方,也可选择小于25°的向阳坡地。避开洪、涝、泥石流和多冰雹、雷击、风口、有污染等地段。

修建温室群或较大型的温室园区要做好温室排列以及配套给排水、道路、电力等设施的规划建设。

2. 结构和规格

2.1 日光温室的规格

温室栽培面与地面齐平,优点是温室南部光照好,缺点是南部夜间温度低。建造仿半地下式日光温室,具体做法如下:在前屋面底角处从地面向上砌24 cm厚、50 cm高砖墙,砖墙上面浇筑宽24 cm、厚15 cm水泥底圈梁,拱架下端落在圈梁上,也可在砖墙上每隔90 cm筑15 cm厚水泥柱墩1个,柱墩长、宽均为24 cm,柱墩之间砌砖;在砖墙外培土,培土高度与砖墙等高,厚度不低于150 cm。仿半地下式的优点是温室内夜间南北温差缩小,室内整体气温、地温可提高2℃左右。缺点是前部采光时间因遮阴而缩短。

近几年日光温室建造结构不断向大型化发展,为满足部分农户进一步加大跨度并同时满足采光和荷载性能的需要,在8~9 m范围内,跨度每增加20 cm,脊柱须增高11 cm,后墙须增高8 cm。日光温室的规格见附表1和附图1。

附表1　日光温室的规格(单位:m)

项目		规格
方位		坐北朝南,东西延长,因地形不同可偏东或偏西5°~10°
长度		80~120
跨度		8~10
脊高		4.30
栽培床位置	中南部区域	与地面平或地下0.7
	中北部区域	地下0.7
脊柱间距		2.6
脊柱距后墙		1.2
脊梁钢管尺寸		2.5(寸)
前后排温室间距		为前排温室脊高(卷起草帘后的高度)的2.5倍

附图1

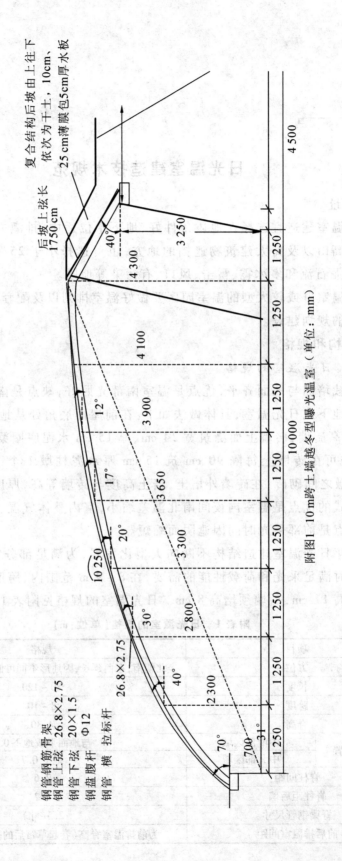

附图1 10 m跨土墙越冬型曝光型温室（单位：mm）

钢管钢筋骨架
钢管 上弦 26.8×2.75
钢管 下弦 20×1.5
钢管盘腹杆 Φ12
钢管 横 拉标杆 26.8×2.75

复合结构后坡由上往下
依次为干土，10cm，
25 cm薄膜包5cm厚水板

后坡上弦长
1750 cm

2.2 墙体类型、结构和规格

墙体应满足承重和保温要求。墙体的材料选择应根据土质和当地自然资源情况酌情选择。在确保墙体坚固耐用的前提下尽可能就地取材,降低建筑成本。粘土或轻粘土选用土墙;沙壤或沙性土壤采用砖墙或石头墙。

2.2.1 土墙墙体结构与规格见附表2。

墙体位置确定后,把耕作层熟土挖出堆放在南边,然后用推土机筑墙,每加高30 cm用推土机反复碾压数遍,压紧夯实。将温室内侧墙体上下削齐,稍有坡度(10°~12°);外侧墙体坡度约45°,后墙底部厚度为4~5 m,顶部厚度为1.5~2 m。

山墙和后墙衔接处采用山墙包后墙的方式,以增加山墙对铁丝的抗拉力。山墙外侧设地锚,用于固定棚膜和纵拉筋。地锚用Φ6.5的盘条,在地下70 cm深处用石头或水泥柱固定。春季建温室,土壤解冻时即可开始筑墙施工。秋季建温室确保在土壤上冻前墙体充分干透。

附表2 日光温室土墙墙体的规格(单位:m)

墙体	结构	规格
后墙	顶部厚度	≥1.8
	底部厚度	≥4.5
	高度	3.25
山墙	顶部厚度	≥1.8
	底部厚度	≥4.5

2.2.2 砖墙墙体结构与规格(见附表3)。

附表3 日光温室砖墙墙体的规格(单位:m)

项目	规格
组成(由内向外)	24 cm粘土砖墙 + 70 cm干土 + 24 cm粘土砖墙 + 12 cm苯板
厚度	1.30
内高	3.25
外高(含高女儿墙)	3.75(0.5)
墙外培土	底部培2 m,顶部培1 m,呈坡状。

墙的内外墙之间每隔2.7 m设1个24 cm厚拉墙,拉墙高度可比内墙低0.5~0.8 m。在温室北墙外侧贴聚苯保温板(厚度120 mm),外挂石膏或水泥,使苯板与墙体结合紧密。苯板密度不低于12 kg/m³。

墙后培土,下部培土2 m,上部1 m。墙体使用M2.5水泥砂浆,禁用泥浆,以防墙体鼓包变形。

2.2.3 石头墙墙体结构与规格见附表4。

附表4 日光温室石头墙墙体的规格(单位:m)

项目	规格
厚度	0.8
高度	3.25
外高(含女儿墙)	3.75(0.5)
墙外抹泥	外墙抹草泥,内墙先抹草泥,再抹白灰。
墙外培土	底部培3.5 m,顶部培1.5 m,呈坡状。

砌石时使用水泥砂浆,禁用泥浆或"干搭垒"。以防墙体鼓包变形。

2.3 基础

基础深度60 cm,宽80~100 cm。土墙结构要反复碾压夯实;砖墙和石头墙结构的,基础均用石头水泥砂浆垒砌。

2.4 骨架

2.4.1 骨架强度

温室骨架的结构强度应保证承载要求,需要承受保温草苫及卷帘机等设备的重量、雪荷载、风荷载、操作荷载和作物荷载。

保温草苫干苫重量为4~5 kg/m²,雨雪淋湿加倍计算。

卷帘机重量110~130 kg,按0.2 kg/m²计算。

雪荷载和风荷载应符合GB/T18622—2002的规定要求。

操作荷载按温室脊部作用0.8 kN的集中力计算。

作物荷载按0.15 kN/m²的水平投影荷载计算。

2.4.2 骨架结构

钢骨架形状为半拱圆形,骨架间距90 cm。骨架上弦为φ26.8 mm×2.75 mm钢管,下弦为φ20 mm×2.4 mm钢管,上下弦钢管内侧距离20 cm。腹杆为φ12钢筋(φ10),腹杆呈三角形排列,腹杆与上下弦的焊点间距离30 cm。

前屋面纵向拉杆采用φ20 mm×2.4 mm钢管,设4道拉杆,拉杆焊在下弦上。后屋面用φ12钢筋作纵向拉筋2道。屋脊处设1道角钢作脊檩,40 mm×40 mm,纵向连接钢架。拉筋和角钢均焊在下弦上。

2.4.3 骨架的焊接与防腐处理

加工现场进行油漆表面防腐处理时首先要把焊接骨架的表面处理干净,不得有锈迹斑点存在,这样才能保证油漆能够比较好的与基面结合。处理基面后,至少要刷两道底漆,再刷面漆,每道漆之间应保证上一道漆必须干燥。刷漆的骨架在运输和安装过程中应尽量避免出现磕碰,保证漆面不受损伤。

2.4.4　骨架的固定

钢架顶部固定在砖墙顶部的钢筋混凝土上,底部固定在前屋面底角处的柱墩或圈梁上。在后墙顶部现浇钢筋混凝土,强度 C20,厚 100 mm,宽度同墙体厚度。在顶部固定骨架的地方设预埋铁(ϕ12 的钢筋),用于固定骨架。底部柱墩规格 240 mm × 240 mm × 150 mm(长度 × 宽度 × 厚度),底部圈梁规格 240 mm × 150 mm(宽度 × 厚度)。在底部柱墩和圈梁上设预埋铁(ϕ12 的钢筋)。

2.4.5　预留出入口

为了便于作业机具的进出,可在适当位置将 1 根骨架的下面 2 m 制成可拆卸结构。

2.5　后坡

由于冬季夜间保温要求高,后屋面的长度既要照顾到采光又要兼顾保温,长 1.75 m。温室后坡的结构和规格见附表 5。

在后墙顶部外侧设纵向钢筋(ϕ12 圆钢)或钢绞线用于固定压膜线和草苫绳,钢筋用地锚固定在后墙上。

附表 5　日光温室后坡的结构和规格(单位:m)

项目	规格
组成(由内向外)	水泥板 5 cm + 薄膜 + 秸秆 25 cm + 草泥 10 cm + 干土 10 cm
厚度	0.50
长度	1.75
仰角	40°

2.6　前屋面采光角

日光温室前屋面采光角 31.5°,前屋面形状如附图 1 所示。采光屋面角度包括地角、前角、腰角、顶角,其中地角 75° ~ 70°,腰角 40° ~ 30°,顶角一般 17° ~ 12°。前屋面地角处最低作业高度不低于 1 m。

3. 修建防寒沟

在温室南沿外 20 cm 处挖一条与温室等长的防寒沟,沟深 1.0 ~ 1.5 m,宽 40 cm,沟内填充玉米秸、炉渣或珍珠岩,沟顶覆土踏实。顶面北高南低,以免雨水流入沟内。采用半地下式的可不挖防寒沟。

4. 修建灌溉设施

提倡使用水肥一体化灌溉系统。在温室内靠门一边的后墙处垫高 40 cm,修筑蓄水池并安装修筑相应的灌溉管路,每个种植带预留闸门便于连接管灌系统等。

5．其他设施

推荐室内建沼气池，以便就近利用沼气废渣用作肥料、沼气灯用来补光、增温、补充二氧化碳等。

在日光温室比较集中的地区，配套负荷较高的电力设施，以便连阴雪或强降温天气时增温补光。室内电器及照明电路应由电器工程师安装，使用国标防水电器。

6．覆盖物

6.1 透明覆盖物

温室覆盖防老化、防雾滴聚氯乙烯薄膜（厚度 $0.1 \sim 0.13\,mm$）。前屋面覆盖 $2 \sim 3$ 幅薄膜，在顶部距中脊 $1\,m$ 远处设顶部通风口，前屋面底角圈梁处设前部通风口（秋季育苗期和 4 月后使用）。风口处覆盖 40 目防虫网。遇寒潮或连阴天夜间最低温度低于 $10\,℃$ 时，在温室内部的吊蔓钢丝上加盖一层无纺布或薄膜保温。

6.2 外保温覆盖

前屋面覆盖用双层稻草帘，也可用 EPE 珍珠岩防寒防水保温被。用稻草帘按"阶梯"或"品"字形排列，风大的区域采用"阶梯"式，保温被或两层草帘之间错着"阶梯"式覆盖，东西两边要盖到山墙上 $50\,cm$。保温被或草帘拉绳的上端应固定在后墙上的冷拔丝上，晚上放保温被或草帘应将后屋面的一半盖住，下部一直落到地面防寒沟的顶部。进入 12 月份，前地窗处加一层围帘。保温被宽 $2\,m$，单位面积质量 $2\,kg$，单层稻草帘厚 $5 \sim 6\,cm$，宽 $1.5 \sim 2\,m$。

提倡使用卷帘机。根据安放位置分为前式、后式，根据动力源分为电动和手动，常用的是电动卷帘机，一般使用 $220\,V$ 或 $380\,V$ 交流电源。

7．临时加温设备

为防止特殊年份遭遇寒潮或连阴天时，应设临时加温设备。加温方式有 3 种：一是热风炉加温，二是电暖气加温，三是煤炉烟道或柴草炉加温。

8．工作间

工作间设在温室一侧山墙外。在筑山墙时预留出工作间与温室相通的门，门高 $1.8\,m$，宽 $0.8\,m$，工作间长 $4\,m$，宽 $3\,m$，工作间门朝南，防止寒风直接吹入温室。进入 12 月份后，在二道门处加挂棉门帘保温。

参 考 文 献

[1]邹志荣,邵孝侯.设施农业环境工程学[M].北京:中国农业出版社,2008.

[2]李志强.设施园艺[M].北京:高等教育出版社,2006.

[3]张庆霞,金伊洙.设施园艺[M].北京:化学工业出版社,2009.

[4]陈杏禹.蔬菜栽培[M].北京:高等教育出版社,2005.

[5]李式军.设施园艺学[M].北京:中国农业出版社,2002.

[6]张彦萍.设施园艺[M].北京:高等教育出版社,2002.

[7]刘士哲.无土栽培技术[M].北京:中国农业出版社,2001.

[8]高翔,齐新丹,李骅.我国设施农业的现状与发展对策分析[J].安徽农业科学,2007,35(11):3453 - 3454.

[9]于纪玉.节水灌溉技术[M].郑州:黄河水利出版社,2007.

[10]宋志伟.土壤肥料学[M].北京:高等教育出版社,2009.

[11]马承伟.设施建造与维护[M].北京:中国农业出版社,2008.

[12]王衍安.植物与植物生理[M].北京:高等教育出版社,2009.

[13]李建明.设施农业概论[M].北京:化学工业出版社,2010.

[14]陆帼一.北方日光温室建造及配套设施[M].北京:金盾出版社,2009.

[15]曹春英.花卉栽培[M].北京:中国农业出版社,2012.

[16]李天来.设施蔬菜栽培学[M].北京:中国农业出版社,2011.